annasのおいしい刺繡
CAFE&SWEETS

# 咖啡×甜點 刺繡全圖集

- AMERICANO          ¥440
- LATTE             ¥490
- **OAT MILK**
  LATTE             ¥590
- MOCHA             ¥540
- MOCHA ORANGE      ¥540
- COLD-BREWED
  COFFEE            ¥610
- BITTER ORANGE
  AMERICANO         ¥490
- DECAF            + ¥ 50

- ROOIBOS
- GINGER
- TROPICAL

## CRAFT BEER

CHECK OUT
TODAY'S BEER MEN

每次一走進咖啡廳，
時尚優雅的氣氛、香氣四溢的咖啡、美味可口的食物，
樣樣都在刺激著我的五官感受，
讓我心中的愉悅感瞬間提升至新的境界。
「真希望我可以用刺繡來呈現這樣愉快的心情……」
這便是我決心寫出本書的契機。
我喜歡咖啡，也熱愛紅茶，本身會做一些簡單的點心，
對於甜點店架上最新流行的甜點總是躍躍欲試。
我將這些喜歡的事物化為插圖，再一躍成為布上的刺繡作品。
寫這本書的期間，我一直都是以興奮的心情在創作，
希望這份感受，也能透過這本書傳遞給各位讀者。

annas 川畑杏奈

# CONTENTS

咖啡職人的壁掛層架 ⋯⋯⋯⋯⋯⋯ p.8

職人風格小圖【T恤&圍裙】 ⋯⋯ p.9

植感綠意咖啡廳 ⋯⋯⋯⋯⋯⋯⋯ p.10

夢想中的複合式麵包咖啡店 ⋯⋯⋯ p.11

咖啡廳裡的可愛標誌 ⋯⋯⋯⋯⋯ p.14

極簡線條咖啡杯【外帶杯套】 ⋯⋯ p.15

手感繪圖菜單 ⋯⋯⋯⋯⋯⋯⋯⋯ p.16

午後咖啡時光【書套】 ⋯⋯⋯⋯ p.17

帥氣俐落字母 ⋯⋯⋯⋯⋯⋯⋯⋯ p.18

簡約感風格文字【托特包】 ⋯⋯⋯ p.19

朝氣滿滿早餐組合 ⋯⋯⋯⋯⋯⋯ p.20

豐盛的輕食午餐 ⋯⋯⋯⋯⋯⋯⋯ p.21

逛街中的時髦女子 ⋯⋯⋯⋯⋯⋯ p.24

遛狗中的景色 ⋯⋯⋯⋯⋯⋯⋯⋯ p.25

無法招架的美味速食 ⋯⋯⋯⋯⋯ p.26

充滿香氣的咖啡餐車 ⋯⋯⋯⋯⋯ p.27

咖啡廳麵包大集合 ⋯⋯⋯⋯⋯⋯ p.28

迷人的早餐麵包【杯墊】 ⋯⋯⋯ p.29

麵包店巡禮 ⋯⋯⋯⋯⋯⋯⋯⋯⋯ p.30

與貓咪的居家咖啡館 ⋯⋯⋯⋯⋯ p.32

綜合餅乾寶盒 ⋯⋯⋯⋯⋯⋯⋯⋯ p.33

夏日清新檸檬季 ⋯⋯⋯⋯⋯⋯⋯ p.34

超人氣甜點圖鑑 ⋯⋯⋯⋯⋯⋯⋯ p.36

幸福的甜蜜滋味【吊飾&胸針】 ⋯ p.37

回憶中的巧克力 ⋯⋯⋯⋯⋯⋯⋯ p.38

華麗的派對甜點【手工卡片】 ⋯⋯ p.39

小老鼠與童話國王派 ⋯⋯⋯⋯⋯ p.40

盛夏繽紛冰淇淋 ⋯⋯⋯⋯⋯⋯⋯ p.42

夢幻色系小點心 ⋯⋯⋯⋯⋯⋯⋯ p.43

咖啡廳熱門飲品 ⋯⋯⋯⋯⋯⋯⋯ p.44

湖水綠小茶壺【餐巾】 ⋯⋯⋯⋯ p.45

浪漫圍邊花草茶 ⋯⋯⋯⋯⋯⋯⋯ p.46

貴族風紅茶專賣店圖騰 ⋯⋯⋯⋯ p.48

手繪感連續花紋【緞帶】 ⋯⋯⋯ p.49

聖誕夜裡的德國餐桌 ⋯⋯⋯⋯⋯ p.50

雪花糖霜餅乾 ⋯⋯⋯⋯⋯⋯⋯⋯ p.51

復古咖啡廳甜品 ⋯⋯⋯⋯⋯⋯⋯ p.54

日式喫茶小點【手帕】 ⋯⋯⋯⋯ p.55


刺繡的基本知識 ⋯⋯⋯⋯⋯⋯⋯ p.56

　基礎工具／繡線／布料

　刺繡前的準備／最後修飾整理

本書使用的針法 ⋯⋯⋯⋯⋯⋯⋯ p.59

　回針繡／輪廓繡／法國結粒繡／

　直線繡／雛菊繡／鎖鏈繡／

　緞面繡／長短針繡／釘線繡／

　捲線繡／捲線結粒繡

針法的運用訣竅 ⋯⋯⋯⋯⋯⋯⋯ p.63

繡圖的閱讀方式 ⋯⋯⋯⋯⋯⋯⋯ p.64

製作延伸小物 ⋯⋯⋯⋯⋯⋯⋯⋯ p.94

　胸針／吊飾／手工卡片／

　無框畫／書套

# COFFEE SHOP DISPLAY

## 咖啡職人的壁掛層架
外觀專業帥氣的咖啡器具，忍不住想將它製作成一幅繡圖。

**How to make** *p.65*

How to make *p.65*

# CAFE INTERIOR

## 植感綠意咖啡廳
擺滿乾燥花、觀葉植物以及時尚家具的咖啡廳，總是讓我不禁沉醉其中。

**How to make** *p.12,66*

**夢想中的複合式麵包咖啡店**
在嚮往的咖啡店裡享用早午餐讓人心曠神怡。

**How to make** *p.13*

**繡線**

DMC 25 號繡線

淺黃 3078

□ 白 BLANC

■ 綠 320

黃綠 369

■ 灰 414

■ 黑 310

■ 深棕 3790

■ 棕 680

■ 淺棕 3046

**布料**

COSMO 刺繡布 淺黃色

**繡法**

若無特別標示，針法皆為緞面繡，繡線取 2 股。

植物的莖部皆採輪廓繡。

**整體刺繡順序**

乾燥花 → 繩子 → 桌面物品

→ 桌子及餐盤的輪廓線 → 外框

由左至右分別為滿天星、金杖球、星辰花、紅花、薰衣草、
康乃馨、尤加利葉

繡在蘋果酒緞面繡的上方處

❷ 輪廓繡

❸

❶

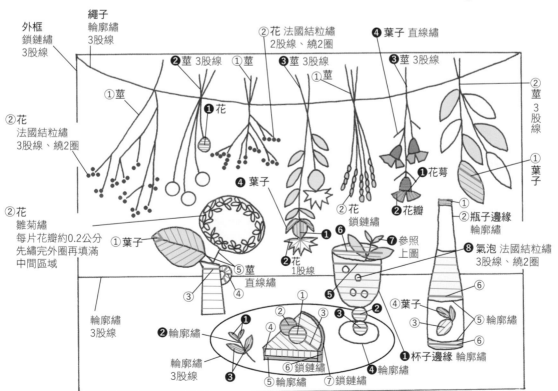

**外框**
鎖鏈繡
3股線

**繩子**
輪廓繡
3股線

②花 法國結粒繡
2股線、繞2圈

❹ 葉子 直線繡

❷ 莖 3股線　①莖

❸ 莖 3股線

❸ 莖 3股線

①莖

②
莖
3
股
線

①莖

❶花

①莖

②花
法國結粒繡
3股線、繞2圈

②花
雛菊繡
每片花瓣約0.2公分
先繡完外圈再填滿
中間區域

①葉子

❹ 葉子

②花
鎖鏈繡

❶花萼

①
葉子

❷花瓣

①
②瓶子邊緣
輪廓繡

❻

❼參照
上圖

❽ 氣泡 法國結粒繡
3股線、繞2圈

⑤莖
直線繡

③　④

❷花
1股線

❶

⑤

❹葉子
③

⑤ 輪廓繡

⑥

輪廓繡
3股線

②　①

③　❸

❷　②

①

❷ 輪廓繡

❶

④

❶ 杯子邊緣 輪廓繡

輪廓繡
3股線

❸

⑥鎖鏈繡

❹輪廓繡

⑤輪廓繡

⑦鎖鏈繡

- 12 -

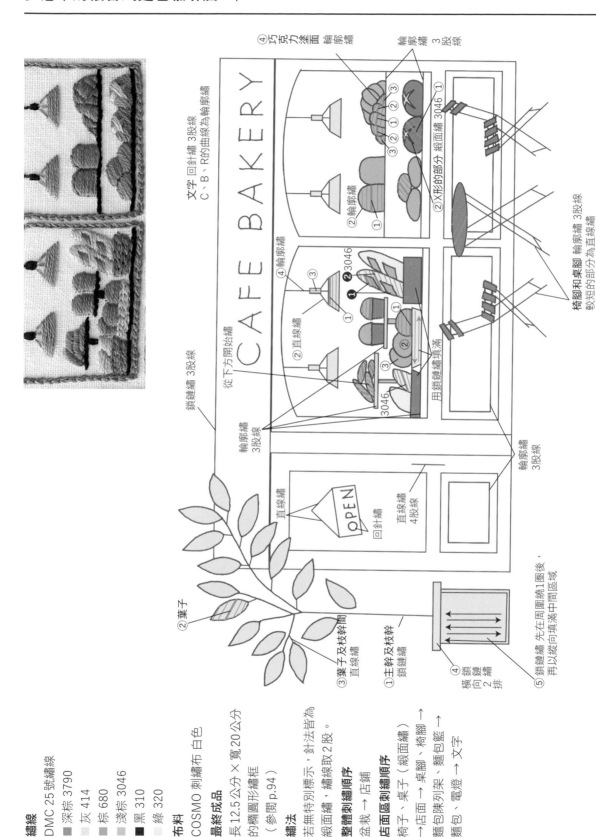

**繡線**
DMC 25 號繡線
- 深棕 3790
- 灰 414
- 棕 680
- 淺棕 3046
- 黑 310
- 綠 320

**布料**
COSMO 刺繡布 白色

**最終成品**
長12.5公分×寬20公分
的橢圓形繡框
（參閱 p.94）

**繡法**
若無特別標示，針法皆為
緞面繡，繡線取2股。

**整體刺繡順序**
盆栽 → 店鋪

**店面區刺繡順序**
椅子、桌子（緞面繡）
→店面 → 桌腳、椅腳 →
麵包列架 → 麵包籃 →
麵包、電燈 → 文字

## CAFE LOGOS 咖啡廳裡的可愛標誌
好想擁有一間自己的咖啡廳！在店裡擺放各種親自設計的夢想Logo。

**How to make** *p.68,69*

**極簡線條咖啡杯【外帶杯套】**
把香味四溢的咖啡帶回家,享受一段愜意的時光。

**How to make** *p.70*

- 15 -

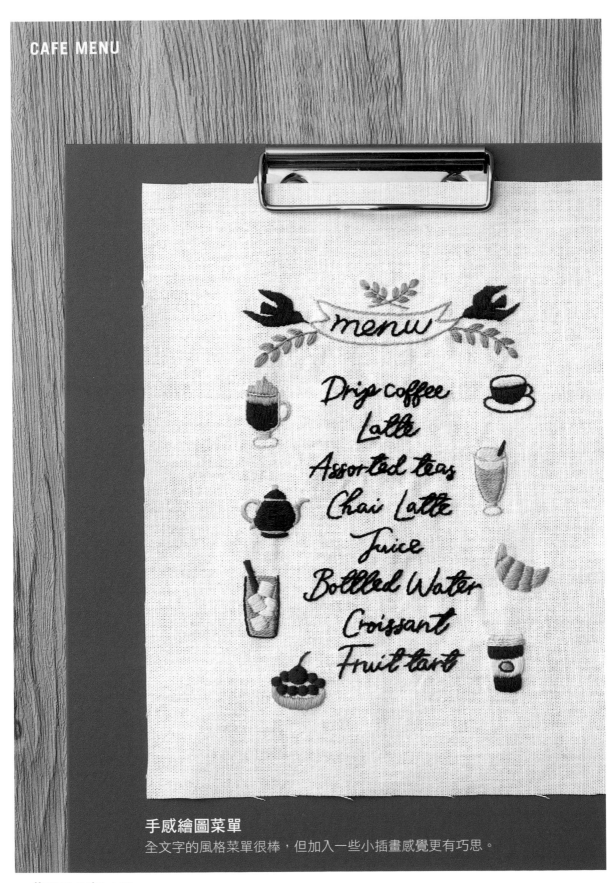

**手感繪圖菜單**
全文字的風格菜單很棒，但加入一些小插畫感覺更有巧思。

**How to make** *p.67*

午後咖啡時光【書套】

閱讀時光絕不可缺少咖啡與點心的相伴。

**How to make** *p.71*

## ALPHABET 帥氣俐落字母
以粗體字母排列，營造出簡單俐落的氛圍。

ABCDE
FGHI
JKLMN
OPQ
RSTU
VWXYZ

**How to make** *p.72*

簡約感風格文字【托特包】

**How to make** *p.73*

**朝氣滿滿早餐組合**
在可愛的餐盤上擺幾朵花點綴，給自己一段愉快的早餐時光。

**How to make** *p.80*

**豐盛的輕食午餐**
在外享用午餐時，忍不住就想點
最喜歡的三明治或法式鹹派！

**How to make** *p.22,23*

# 豐盛的輕食午餐（法式鹹派） photo 21

**繡線**

DMC 25 號繡線

- 綠 989
- 黃綠 16
- 象牙白 ECRU
- 橘 976
- 紅 891
- 粉紅 604
- 黃 744
- 土黃 833

**布料**

COSMO 刺繡布 白色

**相框尺寸**

內緣邊長 長 8 公分 × 寬 8 公分

**繡法**

若無特別標示，針法皆為緞面繡，繡線取 2 股。

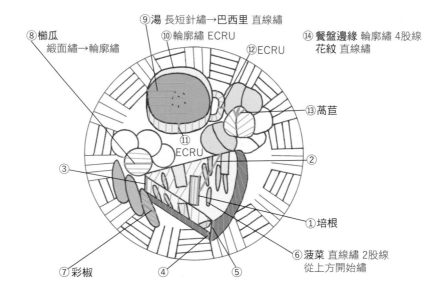

⑨湯 長短針繡→巴西里 直線繡
⑩輪廓繡 ECRU
⑫ECRU
⑭ 餐盤邊緣 輪廓繡 4 股線
花紋 直線繡
⑧櫛瓜
緞面繡→輪廓繡
⑬萵苣
⑪
ECRU
③
②
①培根
⑥菠菜 直線繡 2 股線
從上方開始繡
⑦彩椒
④
⑤

**繡線**

DMC 25 號繡線

- 綠 989
  黃綠 16
- 象牙白 ECRU
- 橘 976
- 紅 891
- 粉紅 604
  黃 744
- 紫紅 3607

**布料**

COSMO 刺繡布 白色

**相框尺寸**

內緣邊長 長8公分 × 寬8公分

**繡法**

若無特別標示，針法皆為緞面繡，繡線取2股。

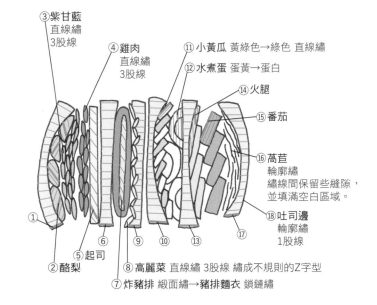

③紫甘藍
直線繡
3股線

④雞肉
直線繡
3股線

⑪小黃瓜 黃綠色→綠色 直線繡

⑫水煮蛋 蛋黃→蛋白

⑭火腿

⑮番茄

⑯萵苣
輪廓繡
繡線間保留些縫隙，
並填滿空白區域。

⑱吐司邊
輪廓繡
1股線

①
②酪梨
⑤起司
⑥
⑨
⑩
⑬
⑰

⑧高麗菜 直線繡 3股線 繡成不規則的Z字型

⑦炸豬排 緞面繡→**豬排麵衣** 鎖鏈繡

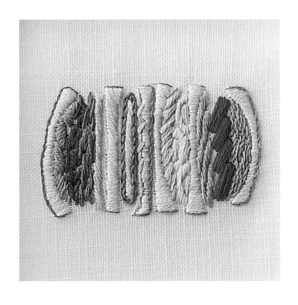

**逛街中的時髦女子**
精心打扮出門,展開快樂的假日生活。

**How to make** *p.74*

# DOG WALKING 遛狗中的景色

遛狗的路上，順道去寵物友善咖啡廳來杯下午茶吧！

**How to make** *p.75*

# FAST FOOD

## 無法招架的美味速食
有時候突然想吃炸物，就當是犒賞自己平常的辛苦吧！

**How to make** *p.76*

充滿香氣的咖啡餐車

不知道為什麼，小餐車上的食物看起來總是特別好吃。

**How to make** *p.77*

# BREAD

咖啡廳麵包大集合

長棍麵包

法國鄉村麵包

培根麥穗麵包

法式葉子麵包

法式白吐司

蝴蝶脆餅

水果黑麵包

越式法國麵包

水果三明治

可頌三明治

英式香腸捲

貝果三明治

丹麥麵包

熱狗堡

肉桂捲

熱壓三明治

**How to make** *p.78*

**迷人的早餐麵包【杯墊】**
將咖啡放在有刺繡圖案的杯墊上，
搭配剛出爐的麵包一起享用，增添更多生活情趣。

**How to make** *p.79*

Love
bread

**麵包店巡禮**
逛了一家又一家的麵包店，只為尋找各種美味的麵包。

**How to make** *p.31*

# 麵包店巡禮

**繡線**

DMC 25 號繡線

⬜ 藍 931

⬛ 深棕 779

🟫 土黃 3828

⬜ 象牙白 ECRU

⬛ 黑 310

⬜ 淺橘 967

⬜ 白 BLANC

**布料**

COSMO 刺繡布 白色

**最終成品**

直徑 12 公分的圓形繡框（參閱 p.94）

**繡法**

若無特別標示，針法皆為緞面繡，繡線取 2 股。

❸直線繡 ECRU

❶ECRU

❷寬度超過1公分處使用長短針繡

①ECRU

③吐司邊 輪廓繡

②

❷芝麻
法國結粒繡
繞2圈 ECRU

⑭輪廓繡

❶長短針繡

②

①臉、耳朵、脖子

③三股辮

⑥BLANC

❷長短針繡

❶以放射狀處理麵包
這4個部位 ECRU

⑤BLANC
⑮衣服黑色部分
直線繡

⑦

⑧ ⑨長短針繡

②

①此4個部位的繡線
顏色為ECRU

④

①

⑤

③

②先繡出放射
狀的參考線
再填滿剩餘
區域

⑬

⑧

⑫鎖鏈繡

⑩

⑩

⑪

縱橫交錯 ECRU

輪廓繡 3股線

*Love bread*

❶果實

❷輪廓繡

❸葉子

**與貓咪的居家咖啡館**
與坐在對面看著我享用咖啡的貓咪，一起度過悠閒午後。

**How to make** *p.81*

綜合餅乾寶盒
每次打開餅乾鐵盒，都像開啟珠寶盒般充滿雀躍與好奇。

**How to make** *p.82*

夏日清新檸檬季
無論是點心還是飲品，檸檬都是不可或缺的重要風味。

**How to make** *p.35*

# 夏日清新檸檬季

**繡線**

DMC 25 號繡線
黃 307
綠 3815
黃綠 369
■ 藍 825
水藍 813
米白 746
淺棕 422

**布料** COSMO 刺繡布 白色
**最終成品** 長20公分 × 寬12.5公分的橢圓形繡框（參閱 p.94）
**繡法** 若無特別標示，針法皆為緞面繡，繡線取2股。

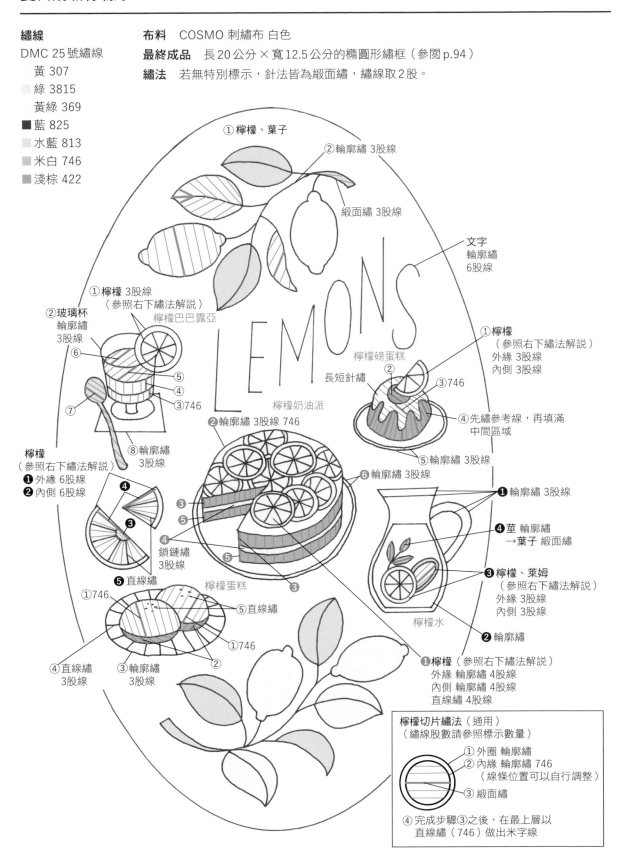

① 檸檬、葉子
② 輪廓繡 3股線
緞面繡 3股線

文字
輪廓繡
6股線

① 檸檬 3股線
（參照右下繡法解説）
檸檬巴巴露亞

② 玻璃杯
輪廓繡
3股線

⑥
⑤
④
③746
⑦
⑧ 輪廓繡
3股線

檸檬
（參照右下繡法解説）
❶ 外緣 6股線
❷ 內側 6股線

④
❸
❸
④
鎖鏈繡
3股線
⑤
❺ 直線繡
檸檬蛋糕
③

①746
⑤直線繡
①746
②
④ 直線繡
3股線
③ 輪廓繡
3股線

② 輪廓繡 3股線 746
③
⑤
④

檸檬磅蛋糕
長短針繡
② 
檸檬奶油派

① 檸檬
（參照右下繡法解説）
外緣 3股線
內側 3股線
③746
④ 先繡參考線，再填滿
中間區域
⑤ 輪廓繡 3股線

⑥ 輪廓繡 3股線

❶ 輪廓繡 3股線
❹ 莖 輪廓繡
→葉子 緞面繡
❸ 檸檬、萊姆
（參照右下繡法解説）
外緣 3股線
內側 3股線
❷ 輪廓繡

檸檬水

❶ 檸檬（參照右下繡法解説）
外緣 輪廓繡 4股線
內側 輪廓繡 4股線
直線繡 4股線

檸檬切片繡法（通用）
（繡線股數請參照標示數量）
① 外圈 輪廓繡
② 內緣 輪廓繡 746
（線條位置可以自行調整）
③ 緞面繡
④ 完成步驟③之後，在最上層以
直線繡（746）做出米字線

# BAKED SWEETS
超人氣甜點圖鑑

瑞士捲

夏洛特蛋糕

維多利亞
海綿蛋糕

焦香起司蛋糕

奶油泡芙

磅蛋糕

厚鬆餅

繽紛花式蛋糕

冰淇淋夾心餅乾

藍莓馬芬

櫻桃派

巧克力蛋糕

布朗尼

可麗露

閃電泡芙

杯子蛋糕

**How to make** *p.83*

## 幸福的甜蜜滋味【吊飾＆胸針】

將寶石般可愛的甜點吊飾掛在包包上，一起形影不離。

**How to make** *p.83*

# CHOCOLATE 回憶中的巧克力

忍不住想念在瑞士吃到的巧克力，於是將它做成刺繡作品。

**How to make** *p.84*

華麗的派對甜點【手工卡片】

在婚禮、生日等重要日子裡，
以刺繡卡片搭配禮物傳遞最大的祝福。

**How to make** *p.87*

# GALETTE DES ROIS

## 小老鼠與童話國王派

這是法國用來慶祝新年的特殊節慶甜點，附有獨特的皇冠與小瓷偶。

**How to make** *p.41*

# 小老鼠與童話國王派

**繡線**
DMC 25號繡線
　紅 315
□白 BLANC
■黑 310
　棕 729
　綠 501
　金 Diamant D3821

**其他材料**
寬度0.6公分的緞面緞帶（黑）

**布料**
市售拉鍊化妝包
長13.5公分×寬21公分（米白）

**繡法**
若無特別標示，針法皆為緞面繡。
繡線取2股。金色繡線取1股線。
文字不必按照書寫順序，邊繡邊
調整文字的易讀性。

**老鼠的繡法（通用）**
臉部→耳朵內部
→耳朵外緣→緞帶→蝴蝶結
→身體、腳→尾巴（輪廓繡）
→鬍鬚（直線繡、1股線）
→眼睛（法國結粒繡、1股線）

筆畫細的地方用輪廓繡，較粗的地方用緞面繡

Galette
des rois

①寬度超過1公分處
使用長短針繡

③上面的所有部分 ①

①寬度超過1公分處
使用長短針繡

②回針繡

最後在此處
縫上蝴蝶結

寬度超過1公分處
使用長短針繡

①草莓蒂頭
②輪廓繡
④草莓籽 直線繡
③

寬度超過1公分處
使用長短針繡

④⑤⑥⑦⑧⑨⑩⑪

⑫先繡出參
考線再填
滿中間區域
⑭輪廓繡
⑬先繡出參考線
再填滿中間區域

## ICE CREAM 盛夏繽紛冰淇淋

冰淇淋的口味多到令人眼花撩亂，選擇哪一種來做刺繡也是種快樂的煩惱。

**How to make** *p.85*

## 鬆餅

Delicious breakfast.
Waffles with berries and cream.

## 甜甜圈

Colorful and cute donuts! Which taste do you like?

## 可麗餅

Strawberries and bananas.
Crepe is a kind of sweets.

## 馬卡龍

Pretty Pastel Macarons.
I love baking yummy stuff.

### 夢幻色系小點心
散發出閃亮光彩的少女粉與薄荷綠
甜點,永遠是大家心中的憧憬。

**How to make** *p.86*

# DRINK
## 咖啡廳熱門飲品

義式濃縮咖啡

焦糖瑪奇朵

手沖咖啡

拿鐵

冰拿鐵

外帶咖啡

珍珠奶茶

希臘式冰咖啡

熱巧克力

格雷伯爵茶

熱茶

檸檬茶

抹茶拿鐵

印度香料茶

氣泡飲

熱帶果汁

**How to make** *p.88*

## 湖水綠小茶壺【餐巾】

繡上一個小巧可愛的圖案，讓客人看到時會心一笑。

**How to make** *p.88*

# HERBAL TEA  浪漫圍邊花草茶

設計了可愛的茶壺刺繡，並試著把它們做成商店Logo。

**How to make** *p.47*

# 浪漫圍邊花草茶

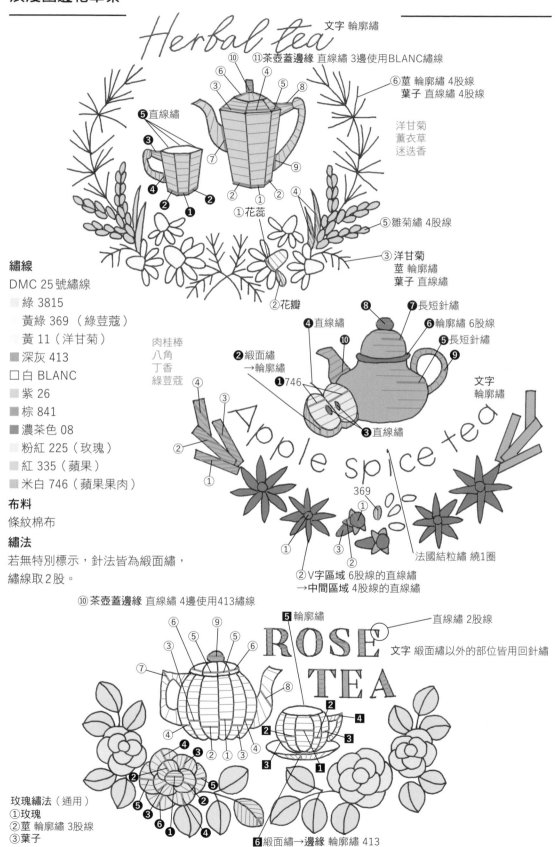

**Herbal tea**

文字 輪廓繡

⑪茶壺蓋邊緣 直線繡 3邊使用BLANC繡線

⑥莖 輪廓繡 4股線
　葉子 直線繡 4股線

洋甘菊
薰衣草
迷迭香

❺直線繡

⑤雛菊繡 4股線

③洋甘菊
莖 輪廓繡
葉子 直線繡

①花蕊

②花瓣

## 繡線

DMC 25 號繡線

■ 綠 3815
　黃綠 369（綠荳蔻）
■ 黃 11（洋甘菊）
■ 深灰 413
□ 白 BLANC
■ 紫 26
■ 棕 841
■ 濃茶色 08
■ 粉紅 225（玫瑰）
■ 紅 335（蘋果）
■ 米白 746（蘋果果肉）

## 布料

條紋棉布

## 繡法

若無特別標示，針法皆為緞面繡，
繡線取2股。

肉桂棒
八角
丁香
綠荳蔻

❽長短針繡
❼長短針繡
❻輪廓繡 6股線
❺長短針繡

❹直線繡

❷緞面繡
→輪廓繡

❶746

文字
輪廓繡

❸直線繡

**Apple spice tea**

369

法國結粒繡 繞1圈

②V字區域 6股線的直線繡
→中間區域 4股線的直線繡

⑩茶壺蓋邊緣 直線繡 4邊使用413繡線

❺輪廓繡

直線繡 2股線

**ROSE TEA**

文字 緞面繡以外的部位皆用回針繡

❻緞面繡→邊緣 輪廓繡 413

玫瑰繡法（通用）
①玫瑰
②莖 輪廓繡 3股線
③葉子

**貴族風紅茶專賣店圖騰**

繡出想像中的皇室御用紅茶專賣店徽章。

**How to make** *p.89*

**手繪感連續花紋【緞帶】**
如果包裝禮物時用了這樣的緞帶，一定很特別！

**How to make** p.90

## STOLLEN 聖誕夜裡的德國餐桌

以德國聖誕糕點史多倫搭配紅酒，倒數聖誕節來臨的寧靜夜晚時光。

**How to make** *p.52*

## 雪花糖霜餅乾

想要替食物增加聖誕氣息時，不妨運用刺繡來裝飾吧！

**How to make** *p.53*

**繡線**

DMC 25 號繡線

- 紅 3777
- 深灰 645
- □ 白 BLANC
- 綠 501
- 淺棕 422
- 米白 613（砧板）
- 淺灰 415
- 金 Diamant D3821

**布料**

COSMO 刺繡布 灰藍色

**相框尺寸**

內緣邊長 長14公分 × 寬9公分

**繡法**

若無特別標示，針法皆為緞面繡，繡線取2股。

金色繡線取1股線。

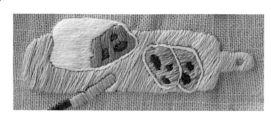

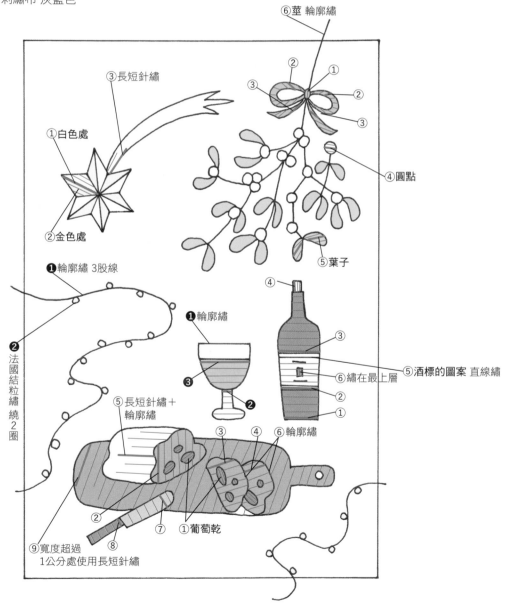

⑥莖 輪廓繡

③長短針繡

①白色處

②金色處

②

③

①

②

③

④圓點

⑤葉子

❶輪廓繡 3股線

❷ 法國結粒繡 繞2圈

❶輪廓繡

③

❸

②

④

③

⑤酒標的圖案 直線繡

⑥繡在最上層

②

①

⑤長短針繡＋輪廓繡

③

④

⑥輪廓繡

②

⑦

⑧

①葡萄乾

⑨寬度超過1公分處使用長短針繡

- 52 -

# 雪花糖霜餅乾　photo 51

**繡線**
DMC 25 號繡線
白 BLANC

**布料**
COSMO 刺繡布 摩卡色

**其他**
加熱型背膠不織布

**繡法**
若無特別標示，針法皆為緞面繡，繡線取 4 股。

**最終成品**
布貼（參閱 p.94）

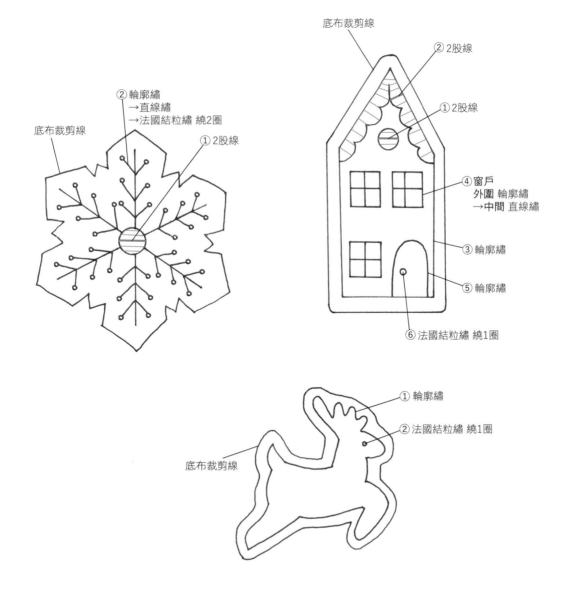

②輪廓繡
→直線繡
→法國結粒繡 繞2圈

①2股線

底布裁剪線

底布裁剪線

②2股線

①2股線

④窗戶
外圍 輪廓繡
→中間 直線繡

③輪廓繡

⑤輪廓繡

⑥法國結粒繡 繞1圈

①輪廓繡

②法國結粒繡 繞1圈

底布裁剪線

# RETRO CAFE

復古咖啡廳甜品

草莓鮮奶油蛋糕

蒙布朗蛋糕

布丁

起司蛋糕

厚鬆餅

雞蛋三明治

奶油吐司

煎蛋吐司

綜合果汁

維也納咖啡

冰淇淋蘇打汽水

霜淇淋

冰淇淋

聖代

咖啡凍

鮮奶油水果布丁

How to make *p.91*

日式喫茶小點【手帕】
前往復古咖啡廳時，選擇同樣復古風格的手帕增添氛圍。

**How to make** *p.91*

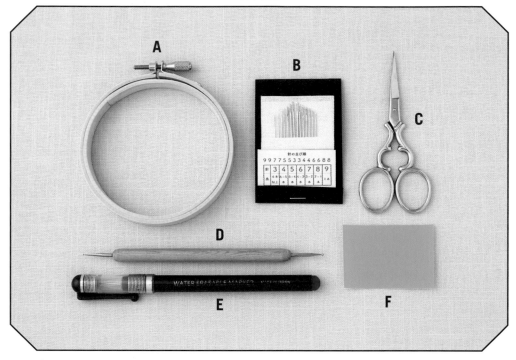

[ 基礎工具 ]

**A 繡框**

為了方便刺繡,刺繡時會使用繡框來拉緊布面。最常使用的尺寸
是直徑8 ～ 10公分的繡框。

**B 繡針**

法國刺繡針。請配合繡線股數的多寡,來選用不同粗細的繡針。

**C 線剪**

線剪用來剪斷繡線。建議選擇尖頭的剪刀,使用上會更加方便。

**D 鐵筆**

鐵筆為透過複寫紙將圖案轉印到布料上時使用,亦可用原子筆。

**E 水消筆**

使用複寫紙轉印圖案的線條太淺時,可使用水消筆加強線條。建
議選用筆尖較細,且為水溶性的款式。在遇到深色的布料時,請
使用如白色等較亮色的筆。

**F 刺繡專用複寫紙(單面)**

用來將圖案轉印到布料上的複寫紙。本書使用的是可用水消除轉
印線條的複寫紙。如果遇到深色布料時,請使用白色的複寫紙。

## *Yarn*

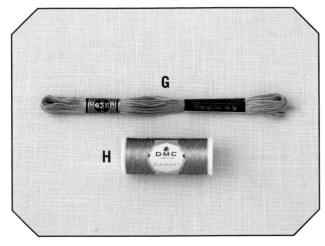

**G DMC 25號繡線**

最常使用的棉質繡線。市面上有許多顏色的繡線可供選擇。每一條繡線是由6股細線組合而成，剪下適當的長度後，再從中抽出需要的股數使用。建議一開始就先將全部的繡線剪好並整理成一束，方便之後隨時抽取使用。
（做法請參閱下方「整理繡線的方法」）

**H 金線**

一種金屬繡線。從線捲抽出即當作「1股線」使用。這種繡線比較容易散開，因此建議繡之前先打結。本書中使用的是DMC Diamant（圖片H）及COSMO NISHIKIITO。

[ **布料** ]　本書使用COSMO刺繡布、市售斜紋棉布等布料。
建議選擇織物密度較高、厚度不會過薄的布料。

## [ 刺繡前的準備 ]

**整理繡線的方法**

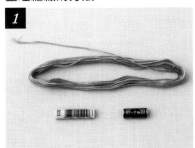

拉出標籤後，繡線會呈現一個全長8公尺，以6股線組成的圓圈狀。

小心地拉出繡線，避免糾結成團。

將繡線對折二次後，再折成三等分，整理成相同長度後，剪開繡線的對折處（每段約為65公分）。

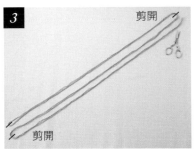

將標籤套回剪好的繡線中間，再將整束繡線對折，編成略鬆的三股辮（避免綁太緊導致之後很難抽出，或在繡線上留下痕跡）。

**繡線的分股方式**

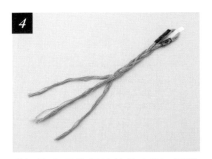

從套著標籤的對折處，將原本是6股的繡線，一股一股抽出來使用。

**2股線的穿線方式**

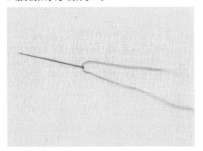

先分別抽出1股線，再將2股合併，一起穿過針孔。刺繡時，維持其中一端的繡線長度較短。

## 轉印圖案的方法

**1**

將複寫紙油墨面朝下放置於布料上方，再把圖案覆蓋在上面，並使用鐵筆沿底圖草稿描繪。

**2**

轉印後再用水消筆加強線條顏色較淺的部分。

### Point!

#### 如果想要轉印出漂亮的底圖……

大部分圖案都可以透過鐵筆描繪來轉印到布料上，不過想要畫出漂亮的直線或圓形時，就須使用直尺或圓規來繪製。

## 起針

**1**

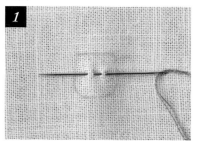

在之後會遮蓋起來的圖案中央，以平針縫從正面入針並出針，一共兩次，如上圖。

**2**

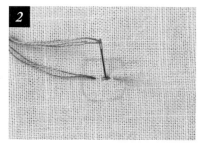

將繡線拉到尾端剩約1公分長，於前一針的位置再次入針。針頭穿過繡線能讓線頭更牢固，不易鬆掉。

**3**

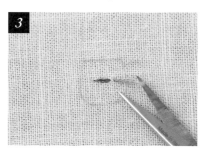

剪掉正面的繡線尾端。

## 收針

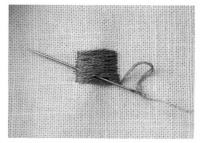

針線隨機纏繞背面縫線約兩圈，再剪掉繡線。

## 換線

（背面）

針穿好新繡線後，先將線纏繞背面縫線兩圈、固定線頭，再將針穿到正面繼續刺繡。

### Point!

#### 繡線起針及收針

如果要繡線條，請先把線頭打結再開始。若已有其他繡好的部分，就將新的繡線在背面縫線繞幾圈固定後，再繼續刺繡。收針時，也先在背後縫線纏繞三至四圈以固定線尾。

## [ 最後修飾整理 ]

### 消除底圖線條的方法

圖案繡完後，如果表面仍看到底圖線條，用已吸水的棉花棒沾濕底圖，線條自然會消失（有些油墨要經過洗滌才會消失，使用前需先詳閱商品說明）。

### 熨燙方法

從背面熨燙。使用熨斗時，可以用另一手拉緊布料，撫平刺繡縫隙間的皺褶。另留意，有些油墨熨燙後會殘留在布料上，必須在使用熨斗前先擦除底稿痕跡。

### Point!

#### 底布需要先用水清洗嗎？

使用有刺繡的布料製作衣服時，布料容易緊縮，因此縫製前需先用水清洗。若是製作胸針或包包，基本上不需要此步驟。如果是亞麻布或被單等較易縮水的布料，請先剪下需用到的部分後，以噴霧噴濕布面，再用熨斗熨燙一遍即可。

### 回針繡

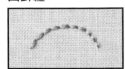

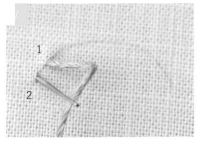

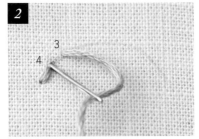

從1出針,再回到2的位置入針。　　從3出針,再回到4（與1同一個洞）入針,重複相同步驟。

### 輪廓繡

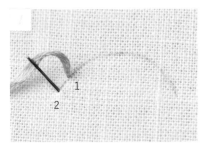

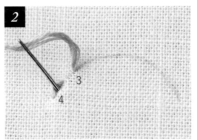

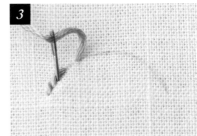

從1出針,再回到2的位置入針。　　從3出針,在1跟2的位置之間（4）且在前一條繡線的下方入針,避免壓到前面繡好的線。　　重複3跟4的步驟。

### 法國結粒繡

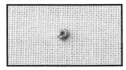

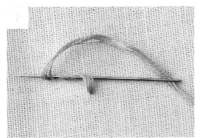

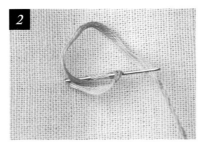

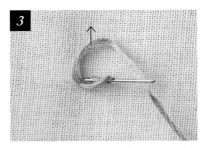

先出針,在針上纏繞指定圈數。示範圖中為纏繞兩圈的狀態。　　拉起繡針,接著緊鄰方才出針的位置入針。　　沿著箭頭方向稍微拉整繡線,從背面抽出繡針,慢慢形成結粒狀。

## 直線繡

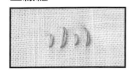

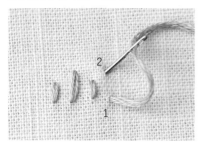

在1的位置出針,再從2入針。

## 雛菊繡

**1**
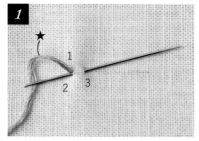

從1出針,在2入針之後再從3出針,針先暫時停留這個位置。

**2**
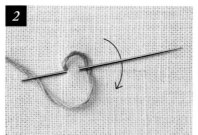

拉起步驟 **1** 中★標記處的繡線,並沿著箭頭指示方向將線繞到針下。

**3**
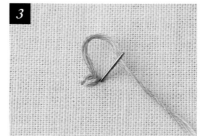

抽出繡針後,在圓圈外側,與步驟 **1** 中的3相同位置入針。

## 鎖鏈繡

**1**
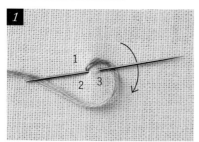

按雛菊繡的步驟做到第2步,再將繡針抽起。

**2**
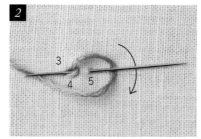

在4的位置(鎖鏈的孔洞內側,緊鄰3的地方)入針,接著在5出針,重複將繡線繞過針頭的動作。

**3**

依照相同步驟入針、出針、將繡線繞過針頭。最後收針時,於圓圈外側入針。

## 緞面繡

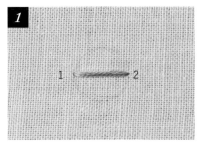

**1** 圖案的中央先繡出一條作為參考線的直線。從1出針，在2入針。

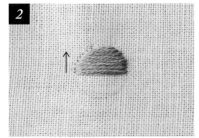

**2** 按照一端出針，一端入針的順序，填滿圖案的其中一邊，繡線保持平行。

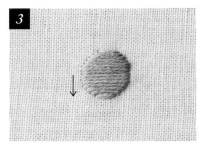

**3** 從中央開始，繼續填滿圖案另一邊區域。

## 長短針繡

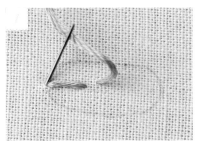

圖案中央先繡出一條直線當作參考線，接著長短交錯且平行地填滿上下區域。

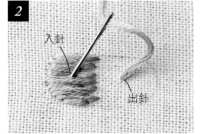

**2** 平行繡好第一列之後，在旁邊出針，然後回到第一列間的隙縫處入針，繼續長短交錯且平行地填滿第二列區域。

入針
出針

**3** 圖案剩餘區域也是重複相同繡法。

## 釘線繡

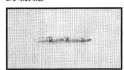

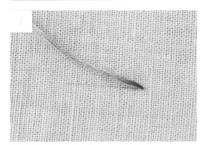

將當作底線的繡線從圖案一端穿出布面。

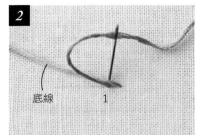

**2** 另外準備一條用來固定底線的繡線，先從1出針，從上方橫越底線，再於相同位置入針固定。

底線
1

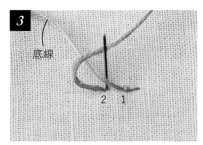

**3** 讓底線貼著草稿線條位置，以0.2～0.3公分的間隔重複步驟 **2**。

底線
2 1

## 捲線繡

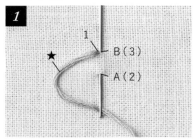

從1出針，抓出想要刺繡的A～B距離，再將針以A入、B出（不抽出布面）。

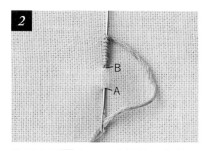

拉起步驟 **1** 中，★處繡線，在針頭纏繞約十圈。此為纏繞十圈後的針線狀態。

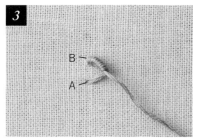

手指壓著針上繞圈的部位，慢慢地將針抽出。（圖片為已抽出繡針的狀態）

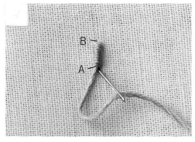

最後在緊鄰著A的位置入針。

## 捲線結粒繡

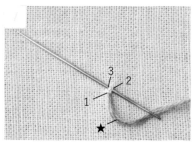

從1出針，在旁邊緊鄰位置2入針，再從3出針。拉起★處繡線，在針頭纏繞十圈。

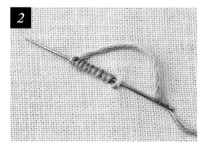

此為纏繞十圈後的針線狀態。

手指壓著針上繞圈的部位，慢慢將針抽出。（圖片為已抽出繡針的狀態）

繼續拉緊繡線，讓線圈位置變成圓圈。

在底部的起始處入針。

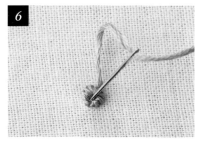

最後從圓圈外側出針並在中心點入針，以固定剛剛完成的捲線結粒繡。

## 緞面繡

### 繡出漂亮緞面繡的訣竅

緞面繡是一種將圖案填滿的針法。想以直線的繡線填滿各種形狀時,首先要拉出一條參考線(圖中黃線),再平行填滿空白區域。當繡出三角形或帶彎度的圖案時,先拉出參考線再依序填滿圖案,也能繡得更漂亮。

### 以同色繡線區分緊鄰兩個區域的技巧

在繡同色的兩個相異區域時,為避免互相混雜,每個區域要以不同方向來刺繡,讓繡線自然形成間隙。在兩者交界處位置,要在與相鄰圖案相同針目的地方入針。

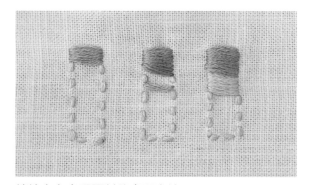

### 用緞面繡填滿大面積區域的處理方法

如果每針距離拉得太寬,在使用物品時可能導致繡線移位而露出底布,因此當一針的寬度超過1公分時,要在中間改成長短針繡來處理。

### 繡線方向出現歪斜的處理方法

可選擇拆掉重繡,不過若只有一點歪斜,還有機會直接補救。先在兩三針外的地方繡出正確角度,再回頭填滿區域的同時,平順地調整歪斜程度。緞面繡基本上應該保持繡線平行,但稍微以放射狀方式來調整方向仍在可容許範圍。

---

### *Point!*

#### 初學者適合嘗試怎麼樣的作品?

雖然大圖比較顯眼,但建議初學者可先從小圖案開始挑戰,一邊體驗刺繡的成就感,一邊愉快保持學習熱忱。圖案尺寸與刺繡時間往往成正比,要繡出越大的圖案,需要的時間也越多。粗略來說,繡一個直徑約2.5cm的圓形圖案,大約需要1.5至2小時。以下列出本書的幾個範例的製作時間供大家參考。

| 1.5～2小時 | 7小時 | 23小時 |
| --- | --- | --- |
| p.37 胸針 | p.21 午餐 | p.30 麵包店巡禮 |

## 鎖鏈繡

**把鎖鏈繡繞成圓圈狀**
如圖所示，針繞過最初的第一個圓圈，再回到最後一個圓圈的內側入針，將兩者串連起來。

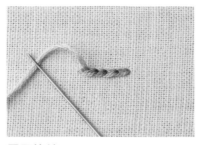

**需要換線**
繡線長度不夠時，暫時結束手上的鎖鏈繡，然後穿新的繡線，再從最後圓圈處內部出針，接續步驟。

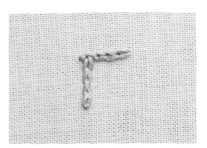

**繡L字型**
要繡出互相連接的直角，先暫時結束鎖鏈繡，且不剪斷繡線，一樣從圓圈中央出針，改變刺繡的行進方向後繼續完成。

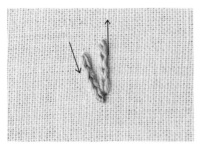

**繡V字型**
要繡出銳角形狀時，暫時結束鎖鏈繡，接著在旁邊一點位置出針，繼續進行鎖鏈繡。

**填滿四角型**
用鎖鏈繡來回填滿四角型面積時，靠近邊緣的地方會留空隙。遇到此情況，在空隙處用直線繡（圖中黃線）填滿間隙。

---

## 繡圖的閱讀方式

作品名稱　書中繡圖的頁碼

**花草茶**　photo 00

**繡線**
- ■ 紫 26
- ■ 深灰 413
使用的繡線色號

**布料**——— 使用的底布
條紋棉布

**繡法**
若無特別標示，針法皆為緞面繡，繡線取2股。

圖中的顏色若沒有樣本標記 ■，請參閱標示色號及成品圖。

數字代表繡線的色號
（只標示出難以從成品圖辨別的顏色）

圓圈中的數字代表刺繡順序

⑩413⑪ **茶壺蓋邊緣** 直線繡 3邊使用BLANC繡線

❺ 直線繡

藍色細線為針法行進的方向

藍色粗線為起針位置及方向

## attention
基本上繡法解說圖皆與實品大小相同，若有縮小尺寸，將會另外註記放大倍率。

**繡線**
DMC 25 號繡線

・**咖啡職人的壁掛層架**
紅 3830
白 BLANC
黃綠 14
綠 319
灰 169
深墨綠 934
淺棕 422

・**職人風格小圖**
【T恤＆圍裙】
咖啡壺
　濃茶色 844
磨豆機
　黑 310
　棕 680

**布料**
COSMO 刺繡布 灰白色

**繡法**
若無特別標示，針法皆為鎖鏈繡，繡線取 3 股。
緞面繡皆採 2 股線。

**刺繡順序**
先從層架開始繡（鎖鏈繡）。以鎖鏈繡填滿指定面積
時，先繡外圈再逐步往內側填滿。

咖啡豆 緞面繡
②
②1排
①
②1排
①

⑤ 緞面繡
②1排
❸2排
④2排
❶

②1排
④
⑤緞面繡
⑥2排
①2排
③1排
⑩緞面繡
⑧2排
⑦2排
⑨雛菊繡

④緞面繡
④緞面繡
③輪廓繡
❶
②1排
⑤2排
⑧
⑦緞面繡
❻3排
❾法國結粒繡 繞2圈

①③輪廓繡
灰色2排→白色1排
→灰色2排，重複步驟

①葉子
緞面繡
②直線繡 2股線
③1排
④
⑤2排

❶1排
❷2排
❸2排
❹1排
⑤緞面繡

❾緞面繡
❽回針繡
❶
❷3排
⑤緞面繡
❺2排
❸2排
❼1排
❻邊緣
1排
④雛菊繡

⑤緞面繡
④
⑥2排
①
②4排
③
②1排
①

⑱刻度 直線繡
中心 法國結粒繡
繞2圈
⑰紅色按鈕
法國結粒繡 繞2圈
黑色按鈕
繡在上層
緞面繡
934
❶
⑩輪廓繡
⑪1排
⑫1排
⑨
②2排
❸3排
④雛菊繡
③2排

⑦1排
⑩5排
④2排
③
⑤1排
⑧
緞面
繡
⑨
②
⑯1排
❼3排
⑭
❺
②1排
⑧2排
❻1排
⑤
④
①2排

❶葉子 緞面繡
③2排
❷
❸莖
輪廓繡

⑥雛菊繡
橫向2個
⑧緞面繡
⑬外緣1圈→內側1圈 169
⑮邊緣輪廓線 輪廓繡 934
①3排

# 植感綠意咖啡廳（下）　photo 10

**繡線**
DMC 25 號繡線
白 BLANC
綠 320
黃綠 369
灰 414
黑 310
深棕 3790
淺棕 3046

**布料**
COSMO 刺繡布 淺黃色
**繡法**
若無特別標示，針法皆為緞面繡，繡線取2股。
**整體刺繡順序**
虎尾蘭 → 橡膠樹。
其他地方可以隨意挑選圖案來繡。

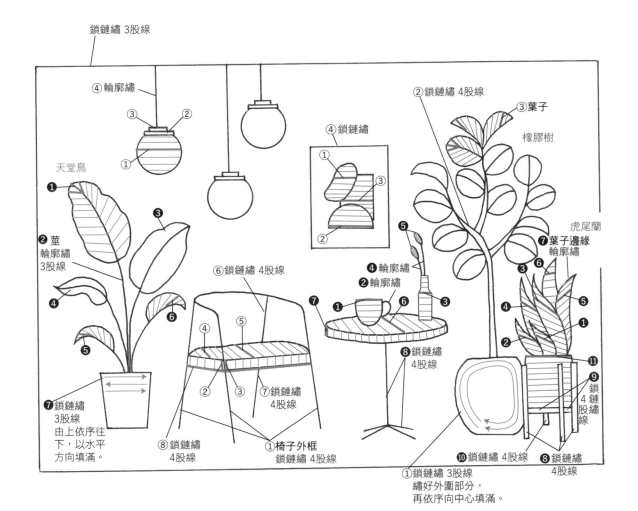

鎖鏈繡 3股線

④輪廓繡

③　②

①

天堂鳥

❶

❷莖
輪廓繡
3股線

❸

❹

❻

❺

❼鎖鏈繡
3股線
由上依序往
下，以水平
方向填滿。

④鎖鏈繡

①

③

②

⑥鎖鏈繡 4股線

④　⑤

②　③　⑦鎖鏈繡
4股線

⑧鎖鏈繡
4股線

①椅子外框
鎖鏈繡 4股線

❺

❹輪廓繡
❷輪廓繡
❼　❶　❻　❸

⑧鎖鏈繡
4股線

②鎖鏈繡 4股線
③葉子
橡膠樹

虎尾蘭
❼葉子邊緣
輪廓繡
❸　❻
❹　❺
❷　❶
⑪
❾鎖鏈繡
4股線
⑧鎖鏈繡
4股線

①鎖鏈繡 3股線
繡好外圍部分，
再依序向中心填滿。

⑩鎖鏈繡 4股線

# 手感繪圖菜單　photo 16

**繡線**　　　　　　　　綠 989　　　　　　　**布料**
DMC 25 號繡線　　　黑 310　　　　　　　COSMO 刺繡布 白色
濃茶色 3031　　　　　水藍 519　　　　　　**繡法**
淺棕 422　　　　　　　　　　　　　　　　　若無特別標示，針法皆為緞面繡，繡線取 2 股。
米白 822　　　　　　　　　　　　　　　　　文字皆採輪廓繡，字母「i」上方黑點為垂直方向直線繡。
紅 3777　　　　　　　　　　　　　　　　　文字不必按照筆畫順序，邊繡邊調整文字的易讀性。

- 66-

**繡線**

DMC 25 號繡線

米白 3866

**布料**

COSMO 刺繡布 石灰色

**繡法**

若無特別標示，針法皆為
緞面繡，繡線取 2 股。
其餘部分皆採 4 股線。
處理線條圖案時，可先將
繡線打結後再開始。
文字不必按照筆畫順序，
邊繡邊調整文字的易讀性。

文字、女子 若無特別標示，皆採用輪廓繡

鎖鏈繡 3股線

文字 回針繡 較短的部分為直線繡

④草莓 輪廓繡

法國結粒繡
繞1圈

⑧鎖鏈繡
3股線

⑤蛋糕 輪廓繡

⑦直線繡

草莓籽
直線繡

⑥草莓
輪廓繡

**髮飾、臉部**
直線繡

**水果**
法國結粒繡
繞2圈

直線繡

鎖鏈繡 3股線

鎖鏈繡
3股線

**文字較粗部分** 緞面繡
**文字線條部分** 輪廓繡
2股線

**杯子蛋糕**
輪廓繡
3股線

輪廓繡

鎖鏈繡 3股線

鎖鏈繡 3股線

直線繡

輪廓繡

輪廓繡

直線繡

鎖鏈繡 3股線
以垂直方向填滿整個區域

文字、**麵包** 輪廓繡

直線繡

鎖鏈繡
3股線

② 雛菊繡
把最後固定的針目稍微拉長

③

① **莖** 輪廓繡

**文字** 回針繡
較短的部分採用
直線繡

⑤

② 

⑦ 鎖鏈繡
3股線

⑥ 輪廓繡
3股線

① **奶油** 直線繡

③ **鬆餅** 輪廓繡

④ **餐盤** 輪廓繡

輪廓繡 6股線

**繡線**

DMC 25 號繡線

白 BLANC

黑 310

**布料**

COSMO 刺繡布 黑色、白色

**繡法**

繡線條圖案時，先將繡線打結再開始。
文字不必按照書寫順序，邊繡邊調整文
字的易讀性。

鎖鏈繡 3 股線

緞面繡 2 股線

文字、咖啡杯、熱氣
輪廓繡 2 股線

### 杯套的縫製方式

**1**

返口

在表布正面上刺繡。接著將表布
正面及裡布正面相對，再將周圍
縫合並保留返口位置。

**2**

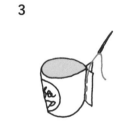

從返口處將布翻回正面，並收
合返口。

**3**

配合杯子尺寸縫合兩端。

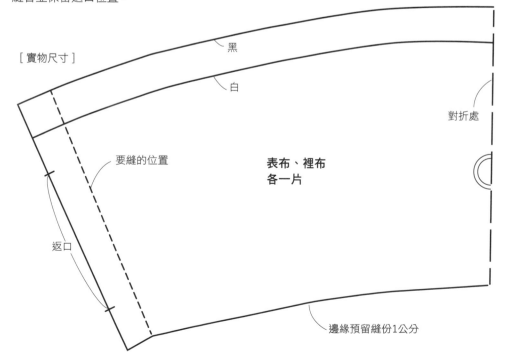

[ 實物尺寸 ]

黑

白

對折處

要縫的位置

表布、裡布
各一片

返口

邊緣預留縫份 1 公分

**繡線**
DMC 25號繡線
濃茶色 3371
深棕 779
淺棕 422
白 BLANC
淺灰 415
紅 3830
薄荷綠 927

**布料**
20 斜紋布 米白色

**繡法**
若無特別標示，針法皆為緞面繡，繡線取2股。

**最後成品**
書套（參閱 p.95）

此為適用於文庫本（10.5公分×14.8公分）書籍的封面尺寸，
其他尺寸經測量後自行調整大小。

## 帥氣俐落字母　photo 18

**繡線**
DMC 25號繡線
紅 349
**布料**
COSMO 刺繡布 灰白色

**繡法**
若無特別標示，針法皆為緞面繡，繡線取2股。
從中央起針的文字，可往任意方向開始繡。
以放射狀處理圓圈（包含半個圓圈）時，先繡出參考線後再
填滿其餘區域。

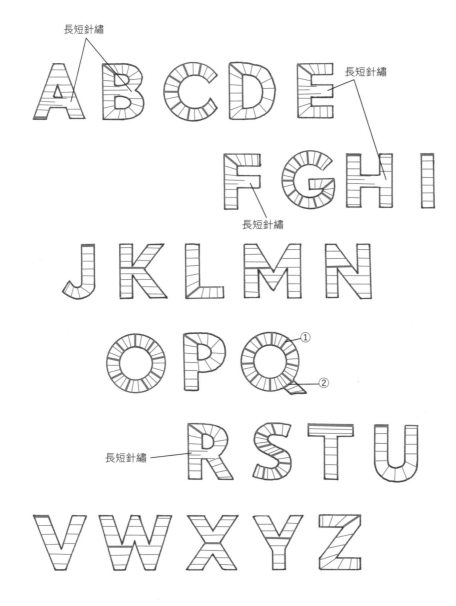

長短針繡

長短針繡

長短針繡

長短針繡

**繡線**
DMC 25號繡線
黑 310
**布料**
市售帆布托特包
（長20公分、寬20公分、
厚10公分、提把30公分）
**繡法**
英文字母繡法（參閱p.72）

BREAD

SANDWICHES

COFFEE

TEA

**繡線**

DMC 25 號繡線

黑 310
白 BLANC
橘 721
黃 728
淺橘 967
藍 803
水藍 598
深棕 501
金黃 07
淺棕 779
米白 738
白銀 COSMO NISHIKIITO 23

**布料**

市售拉鍊化妝包 白色
（長14.5公分×寬19公分）

**繡法**

若無特別標示，
針法皆為緞面繡，繡線取2股。
白銀色繡線採1股線。

文字為緞面繡，線條為輪廓繡。
文字不必按照筆畫順序，逐邊繡邊
調整文字的易讀性。

① 臉部、脖子、耳朵 輪廓繡
⑭ 輪廓繡
⑮ 繡出參考線，再依序填滿其餘空間
② 779
⑨
⑦
④
⑥
⑤ 直線繡 1股線
③ 779
⑧
⑪ 779
⑬ 779
⑩ 06
⑫ 06
⑰ 直線繡
⑯
⑱ 外套上圓點 直線繡

② 臉部、脖子、耳朵 輪廓繡
⑬ 輪廓繡
⑩ 包裝紙
⑤ 提把
⑪ 738
⑫
⑦ 07
③ 06
④ 06
⑨ 507
① 橫向 鎖鍊繡
⑨ 再繡完臉部區域，再於上層繡出鞋子條紋 直線繡
鞋底 橫向緞面繡
⑭ 從上方出2條垂直方向直線繡
④ 頭髮 779 回針繡 中間採隨機直線繡
① 臉部、耳朵、脖子 輪廓繡
② 頭髮 從頭部往髮尾方向 填滿07

⑧ 綁在T恤上方
⑨ 腳部→橫子→鞋子
⑧ 長短針繡
⑨ 腳部→橫子 779
⑤ 衣袖 從上方開始，刺繡顏色順序為水藍色 →白色→水藍色
② 06
① 06
③ 耳朵 直線繡
④ 輪廓繡738
⑬ 頭髮 779
⑪ 包包 提把處 採輪廓繡
⑩ 鞋子 從外圍向內部填滿
⑫ 06
⑦ 衣服 跟衣袖相同處理方式

*Go Shopping*

① 臉部、耳朵、脖子 輪廓繡
② 頭髮 從頭部往髮尾方向 填滿07
⑨ 褲子 長短針繡 輪廓繡
⑤ 頭髮 長短針繡 779
④ 輪廓繡738 從外圍向內部填滿
⑬ 鎖鍊繡
⑦ 包裝紙 06
⑧ 鮮花→葉子
⑪ 腳部→鞋底738→在繡好的腳上繡出鞋面
⑭ 項鍊和手環 直線繡 23
⑩ 鞋子→鞋帶 直線繡

## 遛狗中的景色　photo 25

**繡線**

DMC 25號繡線

棕 830

白 3756

綠 320

黃綠 472

淺橘 967

橘 783（格紋）

淺棕 613（狗）

**布料**

20 斜紋布 灰色

**繡法**

若無特別標示，針法皆為緞面繡，繡線取2股。

建築物、路燈、樹木若無特別標示，皆採輪廓繡。

針目距離較短的區域使用直線繡。

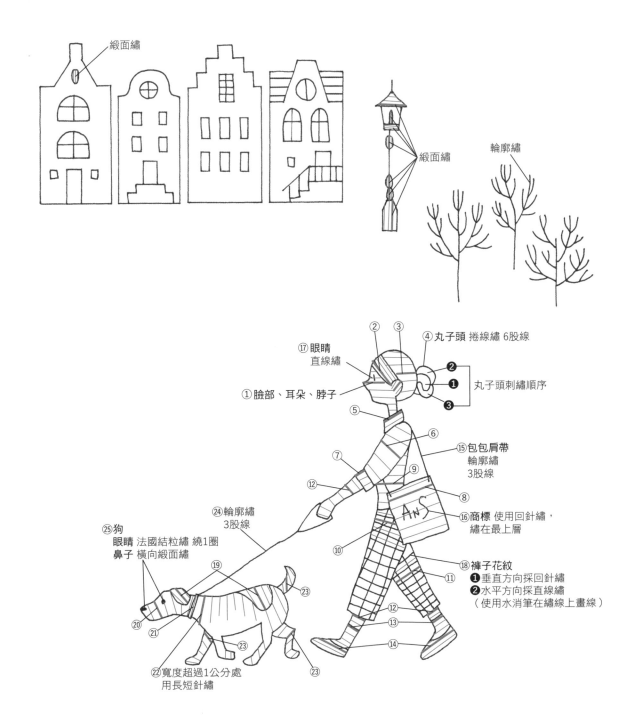

緞面繡

緞面繡

輪廓繡

⑰ 眼睛
直線繡

② ③

④丸子頭 捲線繡 6股線

❷
❶　丸子頭刺繡順序
❸

①臉部、耳朵、脖子

⑤

⑥

⑮包包肩帶
輪廓繡
3股線

⑦

⑫

⑨

⑧

⑯商標 使用回針繡，
繡在最上層

②④輪廓繡
3股線

⑩

⑪

⑱褲子花紋
❶垂直方向採回針繡
❷水平方向採直線繡
（使用水消筆在繡線上畫線）

②⑤狗
眼睛　法國結粒繡 繞1圈
鼻子　橫向緞面繡

⑲

②③

②③

⑫

⑬

⑭

⑳

㉑

②③

㉒寬度超過1公分處
用長短針繡

**繡線**

DMC 25 號繡線

棕 841

濃茶色 08

象牙白 ECRU

紅 3777

墨綠 987

綠 989

淺棕 3046

橘 3825（蝦子）

**布料**

COSMO 刺繡布 白色

**繡法**

若無特別標示，針法皆為緞面繡，繡線取 2 股。

**最終成品**

吊飾（參閱 p.94）

漢堡

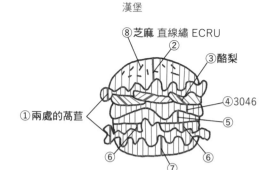

⑧芝麻 直線繡 ECRU

②

③酪梨

④3046

⑤

①兩處的萵苣

⑥ ⑥

⑦

飲料

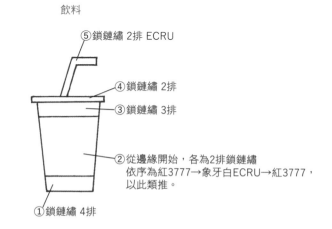

⑤鎖鏈繡 2排 ECRU

④鎖鏈繡 2排

③鎖鏈繡 3排

②從邊緣開始，各為2排鎖鏈繡
依序為紅3777→象牙白ECRU→紅3777，
以此類推。

①鎖鏈繡 4排

薯條

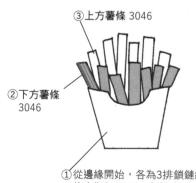

③上方薯條 3046

②下方薯條
3046

①從邊緣開始，各為3排鎖鏈繡
依序為紅3777→象牙白ECRU→紅3777，
以此類推。

帕尼尼三明治

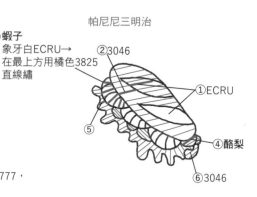

③**蝦子**
象牙白ECRU→
在最上方用橘色3825
直線繡

②3046

①ECRU

⑤

④酪梨

⑥3046

披薩

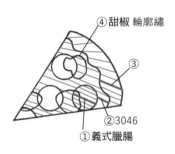

④**甜椒** 輪廓繡

③

②3046

①**義式臘腸**

**繡線**

DMC 25 號繡線

深棕 3790

橘 3826

**布料**

市售環保購物袋

**繡法**

若無特別標示，針法皆為鎖鏈繡，繡線取 2 股。

處理線條部位時，可將繡線打結再開始。

**整體的刺繡順序**

輪胎 → 小貨車前半部 → 車斗外側 → 文字 → 廚房區域

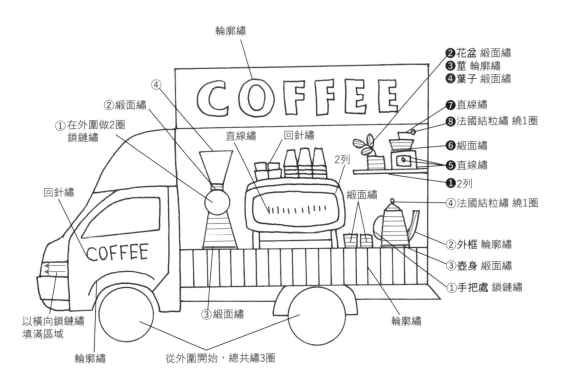

輪廓繡

❷花盆 緞面繡

❸莖 輪廓繡

❹葉子 緞面繡

❼直線繡

❽法國結粒繡 繞1圈

❻緞面繡

❺直線繡

❶2列

④法國結粒繡 繞1圈

②外框 輪廓繡

③壺身 緞面繡

①手把處 鎖鏈繡

④

②緞面繡

①在外圍做2圈
鎖鏈繡

回針繡

以橫向鎖鏈繡
填滿區域

輪廓繡

直線繡

回針繡

2列

緞面繡

③緞面繡

從外圍開始，總共繡3圈

輪廓繡

文字 緞面繡

**繡線**

DMC 25 號繡線
白 BLANC
象牙白 ECRU
濃茶色 08
土黃 3829
米白 738
綠 368

紅 498
黃 445
橘 3341

**布料**

COSMO 刺繡布 白色

**繡法**

若無特別標示，針法皆為緞面繡，繡線取2股。

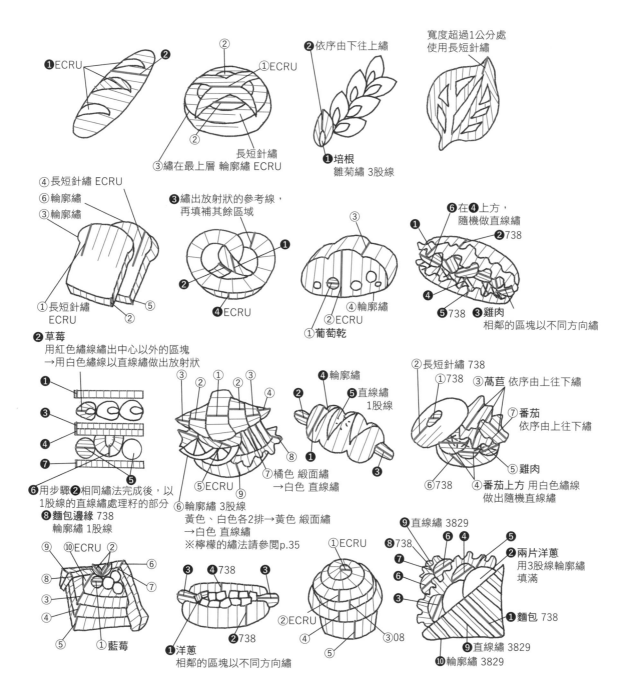

❷依序由下往上繡

寬度超過1公分處
使用長短針繡

❷
①ECRU
❶ECRU

②
①ECRU
②
③繡在最上層 輪廓繡 ECRU
長短針繡

❶培根
雛菊繡 3股線

④長短針繡 ECRU
⑥輪廓繡
③輪廓繡

❸繡出放射狀的參考線，
再填補其餘區域

③
❶
❷
④ECRU
❷輪廓繡
②ECRU
❶葡萄乾

⑥在❹上方，
隨機做直線繡
❶
❷738
❹
❺738 ❸雞肉
相鄰的區塊以不同方向繡

①長短針繡
ECRU
②
⑤

❷草莓
用紅色繡線繡出中心以外的區塊
→用白色繡線以直線繡做出放射狀

❶
❸
④
❼
⑤
⑥用步驟❷相同繡法完成後，以
1股線的直線繡處理籽的部分
❽麵包邊緣 738
輪廓繡 1股線

③
②
②
③
④
❷
⑤ECRU
⑨
⑥輪廓繡 3股線
黃色、白色各2排→黃色 緞面繡
→白色 直線繡
※檸檬的繡法請參閱p.35

④輪廓繡
❺直線繡
1股線
❷
⑧
❶
❸
⑦橘色 緞面繡
→白色 直線繡

②長短針繡 738
①738 ③萵苣 依序由上往下繡
⑦番茄
依序由上往下繡
⑤雞肉
④番茄上方 用白色繡線
做出隨機直線繡
⑥738

⑨
⑩ECRU ②
⑥
⑧
⑦
③
④
⑤ ❶藍莓

③ ④738 ③
❷738
❶洋蔥
相鄰的區塊以不同方向繡

①ECRU
⑧738
⑦
⑥
❸
②ECRU
④
⑤
③08

⑨直線繡 3829
⑥ ④
❺
❷兩片洋蔥
用3股線輪廓繡
填滿
❶麵包 738
⑨直線繡 3829
⑩輪廓繡 3829

# 迷人的早餐麵包【杯墊】 photo 29

**繡線**
DMC 25 號繡線
藍 825

**布料**
COSMO 刺繡布 白色

**繡法**
文字 - 鎖鏈繡 3 股線
插圖圖案 - 輪廓繡 4 股線

**杯墊的最後縫製步驟**

1
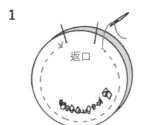
返口

2

圖案繡在表布正面。接著保留
縫份並裁下兩片布料，以正面
對正面相疊，並留下返口位置，
再把其餘部分縫起來。

翻到正面，並收合返口。

**與實物相同大小的
版型及圖案**

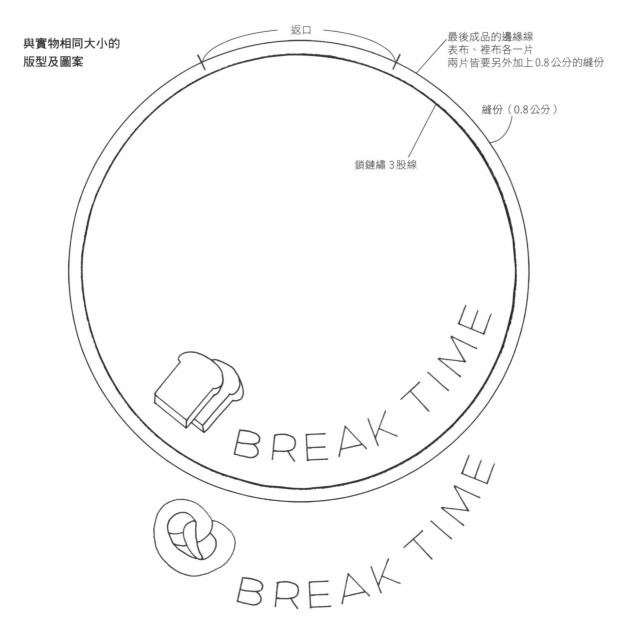

返口

最後成品的邊緣線
表布、裡布各一片
兩片皆要另外加上 0.8 公分的縫份

縫份（0.8公分）

鎖鏈繡 3 股線

BREAK TIME

BREAK TIME

BREAK TIME

## 繡線

DMC 25 號繡線

金黃 07

紅 335

白 BLANC

黃 743

藍 3844

深綠 367

象牙白 ECLU（白吐司）

淺灰 415（刀叉）

## 布料

市售束口袋（長19.5公分 × 寬13.5公分）

## 繡法

文字 - 輪廓繡，4股線。

插圖圖案 - 若無特別標示，

針法皆為緞面繡，繡線取2股。

文字不必按照筆畫順序，

邊繡邊調整文字的易讀性。

### 荷包蛋的繡法

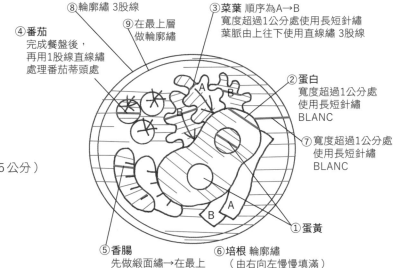

⑧ 輪廓繡 3股線

⑨ 在最上層做輪廓繡

③ 菜葉 順序為A→B
寬度超過1公分處使用長短針繡
葉脈由上往下使用直線繡 3股線

④ 番茄
完成餐盤後，再用1股線直線繡處理番茄蒂頭處

② 蛋白
寬度超過1公分處使用長短針繡
BLANC

⑦ 寬度超過1公分處使用長短針繡
BLANC

① 蛋黃

⑤ 香腸
先做緞面繡→在最上層做直線繡 1股線

⑥ 培根 輪廓繡
（由右向左慢慢填滿）
A 紅色2排→白色3排→紅色2排
B 紅色1排→白色1排→紅色1排
→白色2排→紅色2排→白色1排

## 實物大小的底圖及繡法

② 寬度超過1公分處使用長短針繡

⑥ 繡出參考線後，再填滿剩餘區域 BLANC

⑦ 輪廓線 3股線

⑧ 餐盤花紋
最上層做直線繡 3股線

④ 吐司3道邊緣 輪廓繡

③ 葉子

④ 花瓶 寬度超過1公分處使用長短針繡

② 花瓣 繡出參考線後，再填滿剩餘區域

① 花蕊

⑤ 莖 輪廓繡

❹ 繡出放射狀的參考線後，再填滿剩餘區域

❻ 法國結粒繡 繞2圈

❸ 把手

❷ 輪廓繡 3股線

❶ 長短針繡

❺ 輪廓繡 3股線

Breakfast

**繡線**

DMC 25號繡線

濃茶色 08

米白 738

棕 680

象牙白 ECRU

水藍 3752

綠 501

淺綠 503

黃 3822

**布料**

COSMO 刺繡布 白色

**其他材料**

單面背膠板（長13公分 × 寬9公分）

**繡法**

若無特別標示，針法皆為緞面繡，繡線取2股。

**整體刺繡順序**

桌上所有物品 → 桌子輪廓線 → 貓和椅子

**最終成品**

無框畫（參閱p.95）

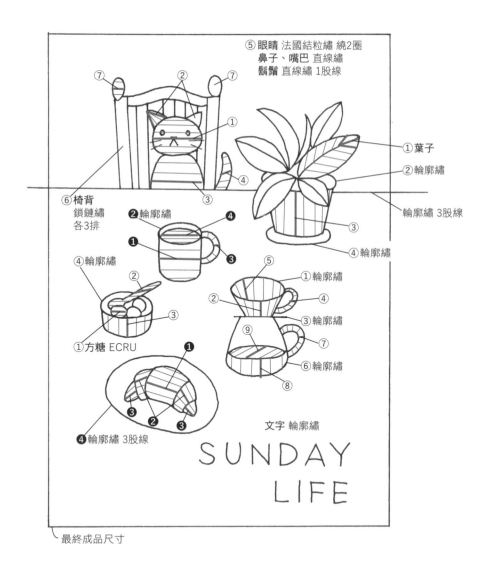

⑤**眼睛** 法國結粒繡 繞2圈
**鼻子、嘴巴** 直線繡
**鬍鬚** 直線繡 1股線

①**葉子**

②輪廓繡

輪廓繡 3股線

⑥**椅背**
鎖鏈繡
各3排

❷輪廓繡

❹

❶

❸

③

④輪廓繡

②

③

①**方糖** ECRU

①輪廓繡

⑤

②

④

③輪廓繡

⑨

⑦

⑥輪廓繡

⑧

④輪廓繡

❶

❸

❷

❸

❹輪廓繡 3股線

文字 輪廓繡

SUNDAY
LIFE

最終成品尺寸

# 綜合餅乾寶盒　photo 33

**繡線**
DMC 25 號繡線
濃茶色 08
米白 738
棕 680
象牙白 ECRU
紅 498

**布料**
COSMO 刺繡布 白色
**其他材料**
單面背膠板（長11公分×寬13公分）
**繡法**
若無特別標示，針法皆為緞面繡，繡線取2股。
**最後成品**
無框畫（參閱p.95）

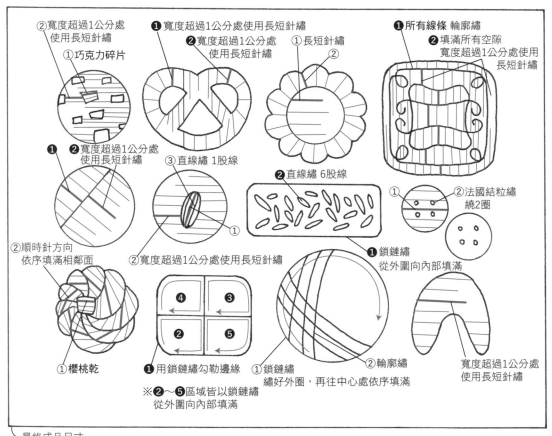

②寬度超過1公分處使用長短針繡
①巧克力碎片

❶寬度超過1公分處使用長短針繡
❷寬度超過1公分處使用長短針繡

①長短針繡
②

❶所有線條 輪廓繡
❷填滿所有空隙
寬度超過1公分處使用長短針繡

❶❷寬度超過1公分處使用長短針繡
③直線繡 1股線

❷直線繡 6股線

①
②法國結粒繡 繞2圈

②順時針方向依序填滿相鄰面
②寬度超過1公分處使用長短針繡
①

❶鎖鏈繡 從外圍向內部填滿

①櫻桃乾

❹　❸
❷　❺

❶用鎖鏈繡勾勒邊緣
※❷～❺區域皆以鎖鏈繡從外圍向內部填滿

①鎖鏈繡 繡好外圈，再往中心處依序填滿
②輪廓繡

寬度超過1公分處使用長短針繡

最終成品尺寸

**超人氣甜點圖鑑**

**繡線**

DMC 25 號繡線

棕 436

深棕 779

綠 368

紅 335

象牙白 ECRU

白 BLANC

藍 158

金 Diamant D3821

粉紅 818（夾心餅乾）

紫 35（櫻桃派）

**布料**

COSMO 刺繡布 灰藍色

**繡法**

若無特別標示，針法皆為
緞面繡，繡線取 2 股。
金色繡線取 1 股線。

**幸福的甜蜜滋味【吊飾＆胸針】**

**繡線**

DMC 25 號繡線

a 櫻桃派 - 紅 3687、白 BLANC、象牙白 ECRU、棕 436

b 布朗尼 - 與 p.36 相同

c 繽紛花式蛋糕 - 紅 3687、白 BLANC、黃 834、綠 911、粉紅 224

**其他材料** 直徑 4 公分的胸針底座、僅 b 需要使用鏈子

**布料** COSMO 刺繡布 ab 淺灰色、c 摩卡色

**最終成品** 胸針（參閱 p.94）

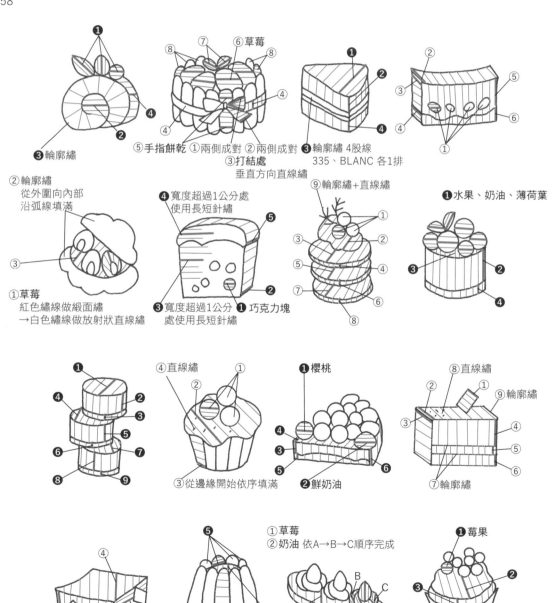

- 83 -

**繡線**

DMC 25 號繡線

深棕 779

棕 841

象牙白 ECRU

紅 150

橘 783

綠 320

淺棕 422

**布料**

COSMO 刺繡布 海軍藍色

**繡法**

若無特別標示，針法皆為緞面繡，繡線取 2 股。

**最終成品**

直徑 12 公分的繡框（參閱 p.94）

＜ **one point** ＞

本書採用較常見的配色。大家也可以改變繡線顏色，
設計成草莓或抹茶等其他口味，或是改用金色繡線來
處理巧克力上方的裝飾線條，讓刺繡圖看起來增添奢
華感。

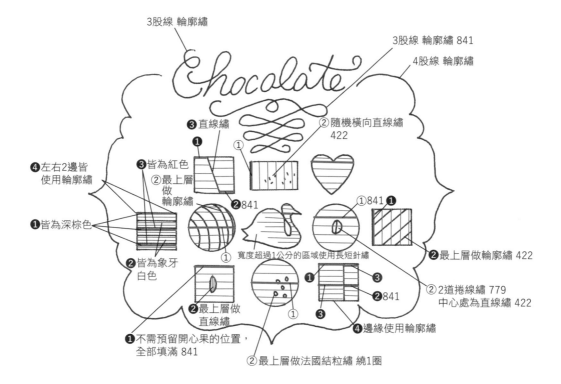

**繡線**

DMC 25 號繡線

粉紅 3727

深灰 413

黃綠 369

黃 3822

白 3865

淺棕 648

金 Diamant D3281

**布料**

COSMO 刺繡布 松葉綠

**其他材料**

單面背膠板（長13.5公分 × 寬13.5公分的正六角形）

**繡法**

若無特別標示，針法皆為緞面繡，繡線取2股。

金色繡線取1股線。

**最終成品**

無框畫（參閱 p.95）

## 夢幻色系小點心　photo 43

**繡線**
DMC 25 號繡線
白 BLANC
濃茶色 3031
淺棕 422
淺黃 10
紅 3706
粉紅 3689
水藍 964
淺綠 564（薄荷葉）
深藍 797（莓果）
金 Diamant D3821

**布料**
COSMO 刺繡布 白色
**其他材料**
加熱型背膠不織布
**繡法**
若無特別標示，針法皆為緞面繡，繡線取 2 股。金色繡線取 1 股線。
處理放射狀圖形時，先繡出參考線後，再逐一填滿剩餘區域。
要繡製最上方物品時，可以先用水消筆在已繡好的底部圖案畫出草稿線條。
**最終成品**
胸針（參閱 p.94）

馬卡龍的繡線顏色

| 粉紅色 | 黃色 | 水藍色 |
|---|---|---|
| 蛋白霜 3689 | 蛋白霜 10 | 蛋白霜 964 |
| 奶油 10 | 奶油 422 | 奶油 10 |

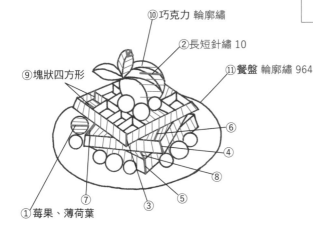

⑩巧克力 輪廓繡
②長短針繡 10
⑪餐盤 輪廓繡 964
⑨塊狀四方形
⑥
④
⑧
⑤
③
⑦
①莓果、薄荷葉

①馬卡龍通用繡法，依照ABC的順序由上方開始繡

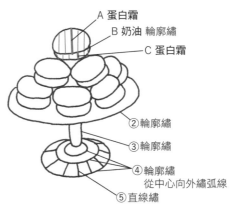

A 蛋白霜
B 奶油 輪廓繡
C 蛋白霜
②輪廓繡
③輪廓繡
④輪廓繡
　從中心向外繡弧線
⑤直線繡

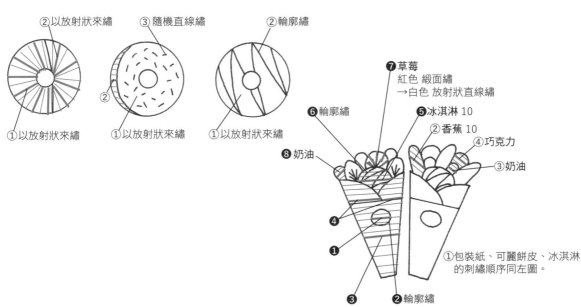

②以放射狀來繡
③隨機直線繡
②輪廓繡
②
①以放射狀來繡
①以放射狀來繡
①以放射狀來繡

❼草莓
紅色 緞面繡
→白色 放射狀直線繡
❻輪廓繡
❺冰淇淋 10
②香蕉 10
④巧克力
❽奶油
③奶油
❹
❶
①包裝紙、可麗餅皮、冰淇淋
　的刺繡順序同左圖。
❸
❷輪廓繡

**繡線**

DMC 25號繡線

· 婚禮卡

紅 3687

粉紅 224

白 BLANC

淺綠 503

淺灰 415

金 Diamant D3821

· 生日卡

紅 3687

粉紅 224

淺綠 503

淺灰 415

深灰 3799

金黃 07

米白 822

**布料**

COSMO 刺繡布

婚禮卡-灰白色，生日卡-白色

裁剪尺寸要比卡片挖洞處大1公分。

**其他材料**

對折式卡片

**繡法**

若無特別標示，針法皆為緞面繡，繡線取2股。

金色繡線取1股線。

**最終成品**

卡片（參閱p.94）

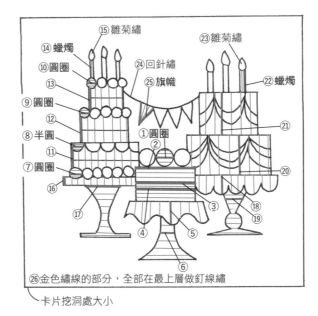

卡片挖洞處大小

卡片挖洞處大小

**咖啡廳熱門飲品**

**繡線**

DMC 25 號繡線

白 BLANC

淺黃 3078

濃茶色 844

棕 841

土黃 3828

紅 3830

藍 931

淺綠 503

淺灰 03

**布料**

COSMO 刺繡布 灰白色

**繡法**

若無特別標示，針法皆為緞面繡，繡線取2股。金色繡線取1股線。

**湖水綠小茶壺【餐巾】**

**繡線** DMC 25 號繡線

淺綠 503、綠 501、金 Diamant D3821

**布料**

市售餐巾

**繡法**

繡法與飲料的茶壺圖案相同，最後在茶壺蓋的上下位置加上繡線 D3821 點綴即可。

## 貴族風紅茶專賣店圖騰　photo 48

**繡線**
DMC 25 號繡線
白 BLANC
**布料**
COSMO 刺繡布 復古藍色

**繡法**
若無特別標示，針法皆為輪廓繡，繡線取3股。
可從自己喜歡的圖案開始刺繡。
◒ 的部分為緞面繡。
在處理線條部分的時候，將線頭打結再開始。
**最終成品**
直徑18公分的繡框（參閱 p.94）

法國結粒繡 繞2圈

法國結粒繡 繞2圈

花蕊 直線繡

法國結粒繡 繞2圈

**繡線**

DMC 25 號繡線
粉紅色緞帶 - 深灰 3799
黑色緞帶 - 深棕 3790
米白緞帶 - 濃茶色 08

**布料**

寬 3.7公分的棉製緞帶

**繡法**

若無特別標示，針法皆為鎖鏈繡，繡線皆取 2股。在處理線條部分的時候，將線頭打結再開始。

每條緞帶的上下線之處，先用平針縫暫時固定於碎布。如果使用的緞帶寬度夠寬，與繡框之間不會產生太大空隙，並且能保持布料穩定不移動，則不需要使用此方式來協助固定。

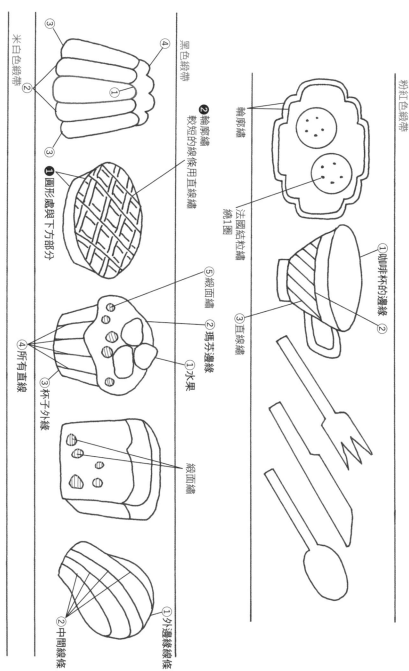

粉紅色緞帶
①咖啡杯的邊緣 ②
③直線繡
輪廓繡
法國結粒繡 繞1圈

黑色緞帶
輪廓繡
②輪廓繡
較短的線條用直線繡
①圓形處與下方部分

米白色緞帶
②X形狀
①外側圓圈
③內側圓圈 2排

⑤緞面繡
②瑪芬邊緣
①水果
③杯子外線
④所有直線

④所有切口

緞面繡
③所有直線

①外側橢圓線條

①外邊緣線條
②中間線條

②內側→外側
①內側→外側
整體由下往上重複①的繡法

**繡線**
DMC 25 號繡線
白 BLANC
象牙白 ECRU
黃 677
淺棕 06
濃茶色 3031
土黃 3829
綠 319
淺灰 415
紅 3777

**布料** COSMO 刺繡布 摩卡色
**繡法**
若無特別標示，針法皆為緞面繡，繡線取 2 股。
**日式喫茶小點【手帕】**
**布料** COSMO 刺繡布
a 冰淇淋 - 灰白色、b 吐司 - 復古藍
（使用 30 公分的角布，邊緣需車布邊）
**繡法** 使用右邊底稿，和復古咖啡廳甜品相同繡法。

**手帕用的實物大小底圖**

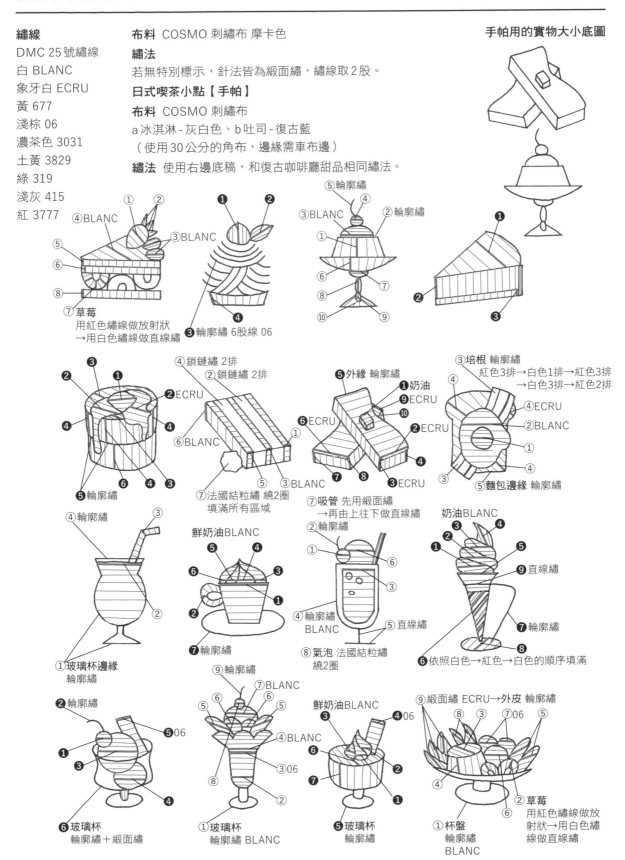

①②
④BLANC
③BLANC
⑤
⑥
⑧
⑦草莓
用紅色繡線做放射狀
→用白色繡線做直線繡

❶❷
③BLANC
④
❸輪廓繡 6股線 06

⑤輪廓繡
④
③BLANC
②輪廓繡
①
⑥
⑧
⑦
⑩
⑨

❶
❷
❸

❸
❷
❶
②ECRU
④
④
⑥BLANC
⑤輪廓繡
⑥
④
❸

④鎖鏈繡 2排
②鎖鏈繡 2排
①
⑤
③BLANC
⑦法國結粒繡 繞2圈
填滿所有區域

⑤外緣 輪廓繡
❶奶油
⑨ECRU
⑩
⑥ECRU
②ECRU
❷
⑦
⑧
❸ECRU
④

③培根 輪廓繡
紅色3排→白色1排→紅色3排
→白色3排→紅色2排
④
④ECRU
②BLANC
①
④
③
⑤麵包邊緣 輪廓繡

④輪廓繡
③
②
①玻璃杯邊緣
輪廓繡

鮮奶油BLANC
⑤
④
⑥
❸
❷
❶
⑦輪廓繡

⑦吸管 先用緞面繡
→再由上往下做直線繡
②輪廓繡
①
⑥
③
④輪廓繡
BLANC
⑤直線繡
⑧氣泡 法國結粒繡
繞2圈

奶油BLANC
❸
④
❷
❶
⑤
⑨直線繡
⑦輪廓繡
⑥依照白色→紅色→白色的順序填滿

❷輪廓繡
❶
❸
❺06
④
⑥玻璃杯
輪廓繡＋緞面繡

⑨輪廓繡
⑦BLANC
⑥
⑥
⑤
⑤
④BLANC
③06
⑧
①玻璃杯
輪廓繡 BLANC

鮮奶油BLANC
❸
❹06
⑥
②
⑦
❶
❺玻璃杯
輪廓繡

⑨緞面繡 ECRU→外皮 輪廓繡
⑧
③
⑦06
⑤
④
①杯盤
輪廓繡
BLANC
②草莓
⑥用紅色繡線做放
射狀→用白色繡
線做直線繡

## 本書封面圖

**底圖**

將圖片放大125%後再做使用。

繡法請參閱圖中標記的頁碼。

⌇⌇⌇部分請參閱 p.93。

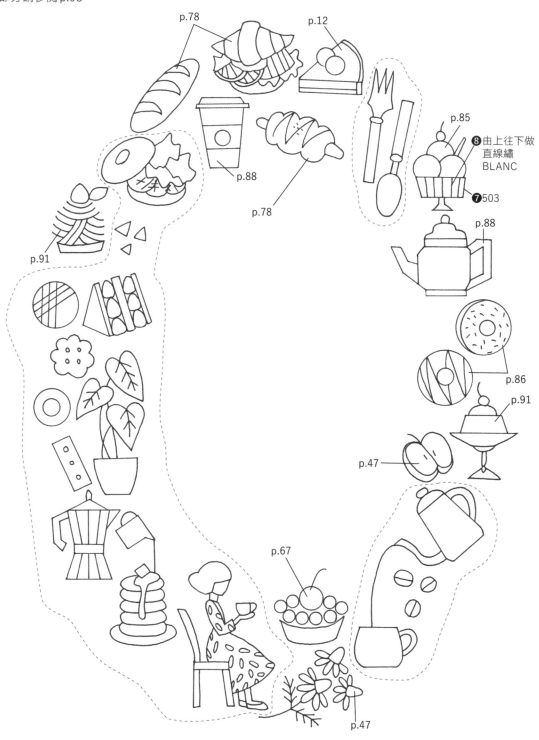

p.78

p.12

p.85

❽由上往下做
直線繡
BLANC

❼503

p.88

p.88

p.78

p.88

p.91

p.86

p.91

p.47

p.47

p.67

p.91

**繡線**

DMC 25 號繡線

紅 355
深灰 3799
灰 03
象牙白 ECRU
白 BLANC
黃 3822

濃茶色 08
棕 680
米白 738
淺橘 967
綠 501
淺綠 503
橘 352

**布料**

COSMO 刺繡布 灰白色

**繡法**

若無特別標示，針法皆為緞面繡，繡線取2股。

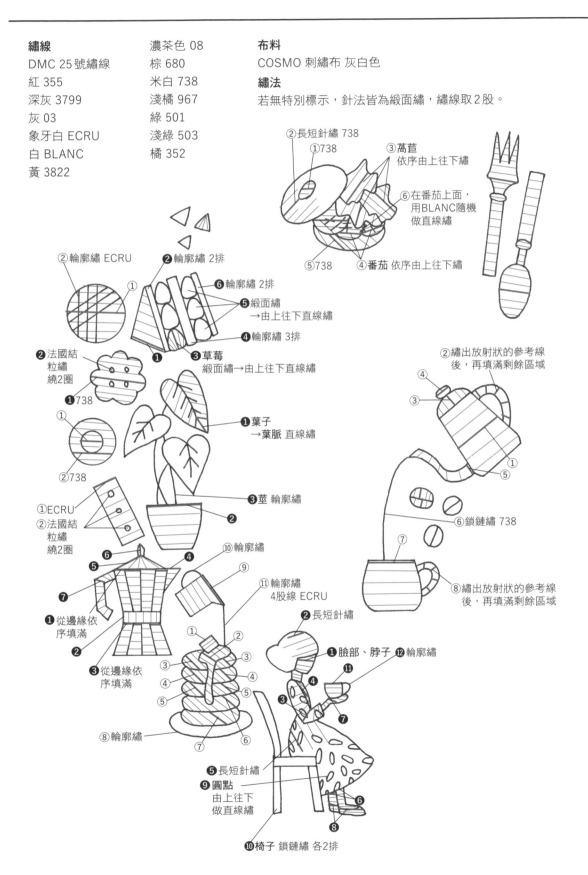

②長短針繡 738
①738
③**萵苣** 依序由上往下繡
⑥在番茄上面，用BLANC隨機做直線繡
⑤738
④**番茄** 依序由上往下繡

②輪廓繡 ECRU
①
②輪廓繡 2排
⑥輪廓繡 2排
⑤緞面繡 →由上往下直線繡
④輪廓繡 3排
①
③**草莓** 緞面繡→由上往下直線繡

②法國結粒繡繞2圈
①738
①
②738

①ECRU
②法國結粒繡繞2圈

❶**葉子** →**葉脈** 直線繡
❸**莖** 輪廓繡
②

②繡出放射狀的參考線後，再填滿剩餘區域
④
③
①
⑤
⑥鎖鏈繡 738
⑦
⑧繡出放射狀的參考線後，再填滿剩餘區域

⑥
⑤
❼
❶從邊緣依序填滿
❷
❸從邊緣依序填滿
④
⑨
⑩輪廓繡
⑪輪廓繡 4股線 ECRU

①
②
③
③
④
④
⑤
⑤
⑥
⑦
⑧輪廓繡

❷長短針繡
❶**臉部、脖子** ⑫輪廓繡
⑪
❸
❹
❼
❺長短針繡
❾**圓點** 由上往下做直線繡
❻
❽
⑩**椅子** 鎖鏈繡 各2排

## 製作延伸小物

### 胸針

**1**

使用比胸針底片大2公分的布來刺繡，並在布的邊緣做平針縫。

**2**

將繡好的布面蓋住底片，並收緊布料邊緣縫線。

**3**

用星形方式繼續縫緊背後開口，確定布料緊貼著底片後，再用打結方式收線。

**4**

使用黏著劑黏到胸針的底座上。

### 吊飾

**1**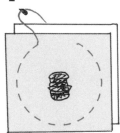

先在表布繡好圖案，然後裡布正面與表布正面相疊，並保留返口位置，沿邊緣縫合。

**2**

從返口處將成品翻回正面，往布裡塞入棉花後，收合返口並加上掛繩。

### 布貼

**1**

不織布

先在布料上繡好圖案，再把加熱型背膠不織布貼在背面。

**2**

使用剪刀，沿著距離刺繡圖案邊緣約0.5公分處剪下圖案。

### 手工卡片

使用市售對折型卡片（或依照喜好尺寸去裁剪圖畫紙並對折）。在左邊使用美工刀割出四角形的洞，再把繡好的布貼在卡片闔上時，剛好可以露出的位置。

### 裝飾繡框

**1**

把繡好的布連同繡框一起翻到背面，再用平針縫收攏布邊。

**2**

把線收緊，如果仍是太鬆就多穿幾針，並拉緊固定。

## 無框畫

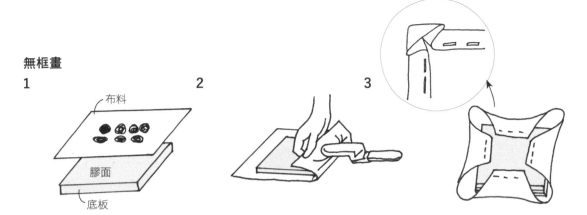

**1**

布料
膠面
底板

使用四邊比單面背膠底板尺寸大10公分左右的布料進行刺繡。撕開底板上的黏膠，跟布料黏合在一起。

**2**

翻到背面，一邊拉緊布料避免正面出現皺摺，接著使用釘書機固定。

**3**

四邊釘好之後，再整齊折好四個布角並確實固定。

## 書套

**1**

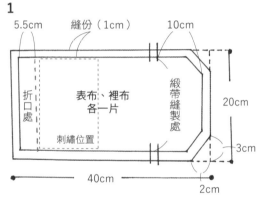

5.5cm
縫份（1cm）
10cm
折口處
表布、裡布各一片
緞帶縫製處
20cm
刺繡位置
3cm
40cm
2cm

先裁出1片表布及1片裡布。

**2**

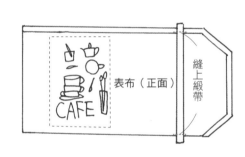

表布（正面）
縫上緞帶
CAFE

在表布繡好符合書籍封面大小的圖案後，縫上緞帶。

**3**

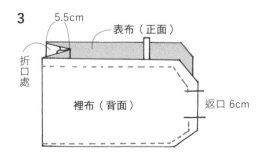

5.5cm
表布（正面）
折口處
裡布（背面）
返口6cm

將兩片布料的正面相對，先縫合上圖左端的折口處後，依圖示將折口處向內側對折，再縫合上下兩端，並且保留返口位置。

**4**

CAFE

從返口將書套翻回正面，將表布的折口處往後翻到裡布外側，最後收合返口即可完成。

台灣廣廈 國際出版集團
Taiwan Mansion International Group

國家圖書館出版品預行編目（CIP）資料

咖啡 × 甜點刺繡全圖集：人氣刺繡師annas教你用11種基本針法，繡出255款咖啡店風景，打造可愛質感的生活小物！／川畑杏奈著. -- 初版. -- 新北市：蘋果屋出版社有限公司, 2023.07
　面；　公分
ISBN 978-626-97272-4-7（平裝）

1.CST：刺繡 2.CST：手工藝
426.2　　　　　　　　　　　　　　　112006263

蘋果屋
APPLE HOUSE

# 咖啡 × 甜點刺繡全圖集

人氣刺繡師annas教你用11種基本針法，繡出255款咖啡店風景，打造可愛質感的生活小物！

作　　　者／川畑杏奈　　　　編輯中心編輯長／張秀環・編輯／蔡沐晨、陳虹妏
譯　　　者／鍾雅茜　　　　　封面設計／張家綺・內頁排版／菩薩蠻數位文化有限公司
　　　　　　　　　　　　　　製版・印刷・裝訂／東豪・弼聖/紘億・秉成

行企研發中心總監／陳冠蒨　　線上學習中心總監／陳冠蒨
媒體公關組／陳柔彣　　　　　數位營運組／顏佑婷
綜合業務組／何欣穎　　　　　企製開發組／江季珊

發　行　人／江媛珍
法律顧問／第一國際法律事務所 余淑杏律師・北辰著作權事務所 蕭雄淋律師
出　　　版／蘋果屋
發　　　行／蘋果屋出版社有限公司
　　　　　　地址：新北市235中和區中山路二段359巷7號2樓
　　　　　　電話：（886）2-2225-5777・傳真：（886）2-2225-8052

代理印務・全球總經銷／知遠文化事業有限公司
　　　　　　地址：新北市222深坑區北深路三段155巷25號5樓
　　　　　　電話：（886）2-2664-8800・傳真：（886）2-2664-8801
郵政劃撥／劃撥帳號：18836722
　　　　　　劃撥戶名：知遠文化事業有限公司（※單次購書金額未達1000元，請另付70元郵資。）

■出版日期：2023年07月
ISBN：978-626-97272-4-7　　　版權所有，未經同意不得重製、轉載、翻印。